# 都市林業で街づくり

## 公園・街路樹・学校林を活かす、循環させる

湧口善之［著］

築地書館

# 伐られたら
# ゴミ同然だった街の木々

街をつくります。

街の伐採木48樹種を活かしてつくられた湘南リトルツリーの店内(第四章P189～参照)。
使用樹種:アカマツ、クロマツ、ヒノキ、チャボヒバ、ニオイヒバ、スギ、カヤ、イヌマキ、ヒマラヤスギ、クスノキ、アオギリ、シラカシ、アカガシ、アラカシ、スダジイ、ビワ、カキ、ミカン、ウメ、キンモクセイ、ソメイヨシノ、ツバキ、サザンカ、モッコク、アオキ、ツツジ、イヌザクラ、クサギ、ケヤキ、イヌエンジュ、サンゴジュ、タイサンボク、イチョウ、クロガネモチ、ニッケイ、カシワ、ケヤマハンノキ、クワ、ザクロ、ムクノキ、ナンテン、プラタナス、エノキ、コナラ、クマノミズキ、桜の一種、ウルシ、ハゼノキ、シノダケ

# 都市林業では街の木で

ヒマヤラスギ（区役所）

ソメイヨシノ（小学校）

ケヤキ（個人邸）

# あらゆる木々を活かして

タイワンフウ（児童館）

カイヅカイブキ（小学校）

メタセコイア（駐車場）

# 街で育った

# 街の人たちが関わって

つくる過程にはたくさんの

みんなで取り組んで

次世代の苗木もつくりながら

街をつくります。

街で育った木々50樹種が木材となって集合南町田グランベリーパークの図書館（第四章 P159〜参照）。使用樹種：クスノキ、ケヤキ、ムクノキ、エノキ、ソメイヨシノ、ヤマザクラ、ウワミズザクラ、エゴノキ、イヌマキ、ツバキ、モッコク、イトヒバ、サンゴジュ、クマノミズキ、イヌシデ、ヤマモモ、キンモクセイ、スダジイ、アキニレ、モチノキ、ミズキ、アカガシ、シラカシ、アラカシ、メタセコイア、ヒマラヤスギ、クワ、カヤ、ブドウ、カリン、サンショウ、クチナシ、アオキ、サンシュユ、ニッケイ、ナツミカン、ビワ、カキ、ウメ、イチョウ、イロハモミジ、トウカエデ、ドウダンツツジ、ナンテン、カツラ、ヒメシャラ、ハゼノキ、マユミ、アカマツ、クロマツ

# ソメイヨシノも

ソメイヨシノは椅子とテーブルに。

# メタセコイアも

メタセコイアの材を活かして棚に。

ラクウショウ

# 小さな木々も
# 大きな木々も

# ドングリも果実も

イベント「街の木を食に活かす収穫祭」の様子

柿の生ハム巻き。

フジの花とカジイチゴの実を使ったケーキ。

キンモクセイの花のカクテル。

マテバシイドングリ

マテバシイのクッキー。

マテバシイを使ったモンブランとマカロン。

コナラチップを使った燻製。

木の皮で染めた布を椅子のクッションに。
使用樹種：ナンテン、セイヨウバクチノキ、ズミ、センダン、シラカシ、ヒサカキ、イヌビワ、キンモクセイ、ハナミズキ、サンゴジュ、タイワンフウ、ケヤキ

木の皮は染め物に。

# 木の皮も枝も葉も

センダン

タイワンフウ

ズミ

あらゆる人の力を活かして
街をつくります。

# 古い道具も新しい道具も

桜の木のスプーンづくり
ンナで おはしづくり
木のかけらで街づくり

# 街の木を活かして。

街の木を活かす!
都市林業のある街
植樹
地域で育てた苗木を植えます
苗木作り
植樹に適した大きさになるまで
地域の人たちで育てます
育成管理
木材化を意識した育成で
痛みのない健康な木を維持します
製材と乾燥
丸太から木材へ
街で育てた木々が
木材となって活かされます
伐採
木材として活かせるように育った木々は
計画的に伐採し若木に更新します
ベランダでも
苗木作りに参加
学校で育てた木が
大きくなって戻ってきた!
街の木を使って
スプーンを作ります
この材木は
このへんで育った
木なんだって
もうなんすか!
観察
しよう
街の木を薪として
使っているお店
うまい!
街の木でできた
図書館
LIBRARY
PIZZA
街には意外と
いろんな種類の
木があるんだな〜
草木染めの
ワークショップ
やってます〜
あら、
キレイね
みんなで育てた
みかん、おいしいね!
この木は伐らずに
残していくそうですよ
うちの木も街で
活かしてもらおう!
製材所
街の木で
家具を作る
FACTORY
わしが植えた木も
大きくなったのう
伐採予定の木から
種を拾って育てよう
街の木製材ワークショップ
Yutaka Kuroki

# 序　いまここにあるものでつくる

私たちの社会では、長い間、そこに木があれば木で、石があれば石で、草があれば草で、水と氷しかなければ水と氷を工夫して、住まいをはじめとした建築物をつくってきました。いまここにあるもの、目の前にある素材をどう活かせば便利に機能を果たし、かつ美しいものがつくれるか。身近な素材と親密な対話を繰り返し、無理を強いることなく個性を活かし、気候風土や自然が求めることにも逆らわない。そのようにしてつくられてきた建築物や街並みは、本当に無駄がなく美しい。なぜその素材を選んだのか、なぜその形になったのか、細部から全体に至るまで説得力に満ちている。その土地ならではの個性が自ずから備わって、つくられた当時はもちろん後世に至るまで、そこに暮らす人々のアイデンティティの一部となって、誇りと勇気を与えてくれている。

そして私たちの時代、いまや昔とは違い、素材を身近には求めなくなりました。物流と素材生産の仕組みの変化で、身近な素材にこだわることは、かえって不合理なことにすらなっている。建物のデザインも、垣根のない世界に流布された言説や、写真を参照して行うのが普通のことになっている。素材は自由。なんでも選べる。形も自由。土地の歴史や文化、伝統にも縛られない。その土地ならではの素材でつくられた、その土地ならではの建物や街並みという、昔は当たり前にあったものが姿を消し、世界中で同じようなものがつくられるようになっています。

そんな時代にありながら、なにか少しでも、私たちならではということを取り戻すことができないか。いまここにあるものでつくる、という古来の実績ある原則に頼らずに、では、どうすれば私たちは、誇りや勇気を感じられるような建築物や街並みをつくることができるのか。五〇年経っても、一〇〇年経っても、これは私たちにとって大切なものだから壊さずに使っていこうと、人々が自然に思える建築や街並みは、どうすればつくることができるのか。

ずっと考え続けてきたなかで行き着いたのが、街の木でした。街にも木があって、それは素材として活かせるかもしれない。庭木、街路樹、公園の木や学校の木、これはもう森だ。都市の森、都市森林、都市森林資源。そんな言葉が浮かんできて、言いようもなくワクワクしたのが、後に「都市林業」と称することになる取り組みのはじまりでした。

木は山にあるもの、木材は山から出るもの、という先入観がなくなると、街は可能性に満ちたフロンティアだと感じられました。街にはたくさんの木があった。驚くほど多様な樹種があり、山でも珍しいような大木だってある。そしてそれらの木々は、街のそこここで、毎日のように伐採されてもいた。そして伐採された木は、どんな大きな木も、どんな珍しい樹種も、伐られた後はゴミ同然の扱いをされていた。

私は伐採された木を、木材として活かす試みをはじめました。工事現場に転がる丸太を回収し、製材し、乾かし、なにかしら木工品をつくってみるということを繰り返しました。伐採現場で丸太をくださいと声をかけると、なるべくたくさん持っていってほしいと言われました。捨てるのに費用がかかるし、木材市場に持っていっても売れはしない。仮に売れたとしても輸送費にもならないと。

私もその端くれでしたが、木を仕事として扱う人の間に、街の木は木材としてはダメという常識があることは知っていました。街の木は木材用の原木として見ると悪いものばかりです。稀に良いものがあったとしても、製材所に運ぶ費用だけでも高くつく。そこから製材して乾燥させて、できた材をまた運ばなければならないくらいなら、はじめから電話一本で木材を買ったほうがいい。はるかに効率よく、大規模にやっている山の林業だって採算をとるのが大変なのに、街の木なんてなにをかいわんや。その通りだと思います。それはわかっていましたが、ダメならダメで、自分自身でとことんまでやって絶望したい。工事現場で大きな丸太がゴミ同然に転がっている光景には、そのくらいのなにか、力がありました。

そのうちに取り組みを知る人が増え、ちらほらと私のもとに伐採情報が入るようになりました。次から次へと丸太が出てきます。こんなにもたくさんの木が、こんなにも大きな木が、毎日のように伐られていたのか。次から次へと知らない樹種が出てきます。街にはこんなにもたくさんの樹種があったのか。木材にしてみるとどれも魅力的で個性があって、発見と学びの連続でした。

そんな楽しさを共有しようと、街の木で暮らしの道具、たとえば木のスプーンなどをつくるイベントも開催するようになりました。ランチができる出張カフェを併設し、街の木の果実やドングリ、木のハーブや木材チップでの燻製など、街の木の恵みを活かしたメニューも提案しました。

次第に、木の持ち主から相談されることが増えていきました。大きな木やたくさんの木を育ててきた方の想いや困りごと、木を伐らなければならない事情を聴いて、その方々にどうすれば喜んでもらえるかと考えながら、伐採や製材や、その木でのものづくり、伐採した後の敷地の造園などに取り組みました。地域の方からの相談をきっかけに、大きな団地や公共の広場など、再開発に伴う伐採への反対運動が起こっている現場に関わることもありました。こじれた状況が少しでも良くならないかと、意見の異なる人たちが一緒に取り組めるさまざまなプログラムを考えて、実施しました。新たな試みとして、街の木の木材としての可能性を模索するなかで、街の木をとりまく従来からあった課題とも向き合うことになったのです。

緑が増える現場ではなく、減る現場でこそ、偽らざる街の木の実情が見えてきます。

木は植えれば植えるほど、育てれば育てるほど、維持する負担も増大していきます。個人でも自治体でも企業でも、そのコストは深刻な問題で、保存樹木でさえ十分なケアがされているとは言い難い状況にありました。放っておくと木はどんどん大きくなって、倒木など事故のリスクも増えていく。伐られた木々を製材することで、普段は見えない木の内側を見てきましたが、街の木のほとんどはなんらかの傷みを抱えていて、いつ倒れてもおかしくない状態のものが多くありました。

そして意外なことに、街で木を伐ることを決めるのは、木を大切にしない人ではありませんでした。木を伐ることを決めるのは大抵の場合、木の持ち主です。コストとリスクを負担しながら、その木に最も手をかけ、愛してきた人です。そういう人が、木を維持することに限界を感じ、ついに伐採を決断するのです。そして最後に、高額な伐採処分費用を負担して、ゴミ同然に運び出される木を見送ることになる。

たくさんの木を所有して街に緑を提供していると、いざ伐採となった時、反対運動の受け手側になってしまうこともある。これまで緑を提供してくれてありがとうと言われるどころか、意識の低い守銭奴かなにかのように責められたりもする。こうした場合の木の持ち主は、自治体であったり企業であったり、個人ではないことも多いのですが、立派な木を育てれば育てるほど、それらの木々が対立の起点になるというのは理不尽な話です。

現状の街の木には、植えれば植えるほど、大きくすればするほど、持ち主の負担やリスクが増す「負債」のような性格がありました。街の木々、私はそれらを総称して「都市森林」と呼んでいますが、この森にあったのは、木と深く関わった人たちが、もう木はこりごり……となってしまう悪循環だったのです。

都市森林に、もっと好ましい循環をつくらなければなりません。「負債」から、持てば持つほど私たちを豊かにしてくれる「資産」へと、変えていかなければなりません。木材にするしない以前に、それは必要なことと思われました。街の木の「資産」的価値を伸ばす可能性のあることを、木があって良かったと思えることを、なんでも良いので増やしていこう。都市森林は、毎年、毎季節、さまざまな恵みを与えてくれている。木材はそのなかでも大きなものですが、ほかにも活かせるものや活かし方はいろいろとあるだろう。眺めるだけの緑から活かす緑へ。街の木に触れて、恵みをいただいて楽しむことをしてみよう。多くの人と発見や体験を共にできる機会をつくろう。木材としての活用にも、地域の人たちが参加できるプロセスを設けてみよう。子どもたちにとってはもちろん、誰にとっても、大きな木に触れて一緒に取り組む体験は、きっと特別なものになるに違いない。

街の木を負債から資産へ。眺めるだけの緑から活かす緑へ。街の木は木材としてはダメ、が従来の常識であったように、合理性がないと思われていた街の木の木材としての活用も、そうした街の木を取り巻く文化や仕組み全体を変えていくことで、無理のない形で成立させる道が見えてくるかもしれません。そしてもし、本当に無理のない形で街の木を木材にできたなら、これはものすごく面白いことになる。なにか特別な思い入れのある木や、伐採反対の声が大きい場合や、ＳＤＧｓがどうだとか二酸化炭素がどうだとか、そういう話をテコにして木材にするのではなく、素材をグローバルに調達することが当たり前の時代にありながら、自分たちの街で育てた木々を木材にすることを、経済的にも合理的な当たり前の選択肢に、もしできたならどうでしょう。自然で無理のない仕組みと文化をつくって、そうして得られる私たちならではの素材で、街の建物が一つ、また一つとつくられて増えていく街は、世界のどこにもない特別なものになるでしょう。

本書では、ここ十数年、都市林業と称して行ってきた、試行錯誤の顚末を共有していきます。それらすべては、実際にやってみる、を繰り返した現場からの一次情報です。街の木の活かし方と活かした結果起こること、見えた課題や、得られた成果や効果について。そしてこれからの課題、皆様と一緒に実現したいアイデアについても共有していきます。都市の森は、発見と驚きに満ちています。私は私なりにこの森を開拓してきましたが、まだまだこれからの未開拓の森なのです。そんな可能性の塊を前にした高揚感を、ぜひ多くの皆様と共有できればと思います。

もくじ

## 第五章　三つの提案 233

# 第一章

# 街の木はなぜ木材にされなかったのか

## 木材にされてこなかった街の木々

そもそもなぜ、街の木は木材にされてこなかったのでしょう。最近では少し雰囲気が変わってきましたが、街の木は長らく、木を扱うプロにとっては眼中にないと言っていい素材でした。もちろん、私も含めてそうですが、普通ではないことをする人間はどこにでもいるし、ケヤキの特別に良いものなど、一部例外的に木材にされる木もなかったわけではありません。しかし一般的に街の木は、たとえ大木であったとしても伐られたらゴミ同然でした。街で木を伐った業者が丸太を木材市場に持っていくかというとそんなことはなく、お金を払って処理業者に引き取ってもらうのが当たり前でした(これはいまも変わりません)。木材市場に持っていってそれなりの値段で売れて、採算がとれるのであればそうするのですが、そうではないからお金を払って処分する。木材として見た場合、それだけ市場価値がないのです。当たり前のことですが、市場ではプロがそれでものをつくって儲けられる素材に高値がつく。街の木のほとんどは、木材にしても採算がとれるとは思われなかったので、木材にされてこなかったのです。

都市林業の取り組みでは、そうした木々を木材にして使ってきましたが、そういうことは木を知らない素人がすることと思われていたと思います。そうでなければそんなことをしようとは考えない。素人でなければ、なにかアートか、特別な作品をつくる作家なのだろう、と。都市林業ということを言い出して試行錯誤を繰り返していた頃、私もたくさんの木のプロからネガティブな意見を聞きました。年配の大工さんたちからは、昔、庭木のケヤキを使わされてどれほど苦労したか、トラブルが出たかといった話を聞きました。私が木工の修行をした木工産業が盛んな街では、当時、街の木はおろか国産広葉樹材ですら、そんなものを扱っていたら稼げないからやめておけという雰囲気でした（実際に一度ならずそうアドバイスされました）。私が街の木を扱っているのを見た人からは、そんなものは燃やしてしまえ、いやいや薪でもいらない（クセが強い丸太なので薪割りしづらい）、などと言われたものでした。彼らの見解は間違っていなかったと思います。私も彼らの言うことが正しいと思っていましたし、実際に街の木をたくさん木材にして使ってきた上で、街の木は木材としてはダメだという見解に同意します。その認識はいまでも正しい。

街の木の、いったいなにがそれほどダメなのか。ここでは、街の木がなぜこれまで木材にされてこなかったのか、街の木に多く見られる木材としての「欠点」や、そうした材でつくることの難しさについて確認しておきたいと思います。

## 腐れが多い

街の木の多くが、多かれ少なかれ腐朽しています。私も当初は、立木の状態ではもちろん、すでに丸太になっているものを見ても、内部がどのくらい腐っているのかを予測することができず、苦労して運んだ丸太を製材してみたら腐れがひどくて、思うように木材を得られなかったことがよくありました。そんな調子ではお金がいくらあっても足りませんので、その後、立木や丸太を外観から判断できるよう目利きの訓練をしましたが、そうして木の状態を見られるようになればなるほど、街の木のひどい現状がわかるようになりました。大きな木のほとんどが傷んでいる。理由は簡単で、強い剪定をするためです。電線にかかったり隣の敷地にはみ出したり、そうでなくても街路樹などでは、毎年、棒になるくらいまで剪定されていたりする。強剪定は、木に大きなダメージを与えます。盆栽のようにしょっちゅう少しずつ切る手入れが、人間でいう爪や髪の毛を切るようなものだとすると、強剪定は腕を落とされるようなイメージです。もしそうなったら、人間に必要なのは長い時間をかけた回復です。養生して栄養をとって、当然ですが、重ねてダメージを受けないようにしなければなりません。木も同じなのに、街の木は繰り返し太い幹や枝を切られている。木は人と違って、その幹や枝についた葉で栄養を得ています。それを切られると、体内に残っていたエネルギーを動員して枝葉を出すわけですが、それをまた切られてしまうのですからたまりません。街の木はどんどん傷んで、傷むと細菌や害虫に侵されやすくなり、内部から腐朽していきます。街路樹などたくさんの木があるところでのプロジェクトで、木材にできる状態の良い木を探すことがありますが、腐っていない木がほとんどなくて選ぶのが大変というのはよくあることです。とりわけサクラはひどくて、地名や施設名に「桜」

の文字があるくらいたくさんのサクラがあるにもかかわらず、腐っていないサクラが一本もないということがよくあります。

## 異物が出る

下の写真をご覧ください。これは釘など異物が出た材のその部分を、小さく切り出して集めたものです。街の木の製材を製材所にお願いしに行くと、はじめてのところでは必ずと言っていいほど、釘が出るからと嫌がられたものでした。そんな決まり文句みたいなことを大袈裟に言うのはやめてほしいと思ったものですが、実際、まったく大袈裟ではありませんでした。かなりの頻度で釘をはじめとした異物が出てきます。そしてそのたびに、製材機の大きなノコギリの刃が欠けたり大きく損傷してしまったり、ひどい場合にはノコギリ全体におよぶクラックが入ってしまったりもします。作業が止まることで時間＝お金は余計にかかるし、壊してしまった

釘が出た材のコレクション。集めることを楽しめば、釘が出ても喜べる。

腐れも木材としては嬉しくないが、こうして切り出してみると一様ではなく、美しさも見出される。

ものも弁償しなければなりません。そんなお金があればもっと良い丸太や木材を買えるのに、なにをやっているんだと思ったものですが、ある時から気の持ちようを変え、釘や異物を集めてみようと考えるようになりました。そうすると、異物が出たら出たで少しは楽しめる（異物が出た材だけでなく、腐れの材もコレクションしています。腐れも嬉しいことではありませんが、腐れにもいろいろなものがあり、コレクションをしていると少しは楽しめます）。そんなコレクションの一部がこの写真です。釘以外にも針金はよく出るし（巻きつけられていたものが木の成長でのみ込まれたもの）、石（ウロに放り込まれたものがのみ込まれたもの）やコンクリートの塊（いまでは木の健康のためにはやめたほうが良いという認識が広まっていますが、昔は木が腐ってできた穴にコンクリートを詰めることがよく行われていました）も出てきます。

余談ですが、木にのみ込まれた異物をきっかけに、昔の面白い話を聞けることが何度かありました。木は釘でも針金でも石でも、異物を外に押し出さず、包み込むように成長してのみ込みます。のみ込まれたものは木の体内に保管され、タイムカプセルのような感じになるのです。最近製材したダイオウマツの大木（巨大な松ぼっくりができる木。日本では木材として一般に利用されていない）では、普通の梯子では届かない高さの幹から、ぶっとい釘が一〇本以上出た。なぜこんなところに打ったのだろうと、ちょっとしたミステリーのように、居合わせた人たちで謎解きを考えました。結局、木の持ち主が昔のことを思い出して謎が解けました。かつてマツはもう一本あって、その頃に土地を借していた人が、二本の木にロープをかけて壮大なブランコにしていたと。まさかあのロープが勝手に釘を打たれて取りつけられていたとは思いもしなかった、とのことでした。そういう話を聞くたびに、いまとは違うその場所の景色が鮮明に蘇る感覚を覚えます。その景色のなかでは、思い出を話してくれた年配の方は小さな子どもであったり、もういない人が登場したりします。そしてどうしたわけか、そこに居合わせた人が、とても鮮明なイメージを共有できる感じがするのです。小さな釘と言えども現物がそこにあり、そこから紐解かれる記憶だからなのかもしれません。

## 樹形が悪い――「薪でもいらない」と言われた理由

私が都市林業の取り組みをはじめて間もない頃、東京都世田谷区のある駅の近くで大規模な伐採があることを知り、土地のオーナーに伐採後の木々を活用したいと申し出たことがありました。許可を得て、処理施設に運ぶ予定であった大量の丸太を運び出し、製材所に持ち込むことになりました。

解体現場からの伐採木を回収している様子。

左は直径1mのエノキの大木。右の丸太はサクラだが腐っていて木材としては活かせなかった。

資金も、材の置き場もなかった当時の私にとって、仕事になるあてもないのに行う大規模な丸太回収は大冒険でした。それからしばらく経って、製材所に到着した丸太をひやかしに見に来た友人の若手木工家たちは、いささか緊張していた私に、薪にしろ、燃やしてしまえと口々に冗談を言いました。そしてそれを見ていた我々よりもはるかにベテランの木工家の先生は、「こんな原木は薪でもいらない」と呟きました。その時はひどいことを言うものだと苦笑いしましたが、その後、この言葉は至言だなと思うようになりました。街の木のほとんどがそうであるような、曲がっていたり節が多く木目が通っていない木は、木材用としてはもとより薪としても利用が難しいのです。斧でパカンとなんて到底割れない。巨大な力を出す大きな薪割り機があれば、なんとか割れなくはないが、そうしてできた薪は形が不揃いで保管にも困る。作業も危険で時間がかかる。私が街の木の丸太を持ち込んだ製材所の近くには、木材用原木の市場もありましたが、それとは別に薪用の原木を売っているところもありました。そこにある丸太は木材用の丸太よりも安い単価で購入できるわけですが、面白いことに、木材に良さそうな太いものほど低い単価で売られていました。太いものは、巨大な薪割り機を持っている人にしか売れないので安いのです。それらは街の木で言えば最上レベルの丸太で、私が製材所に持ち込んだどの丸太よりも木材にするのに向いているものでした。私が大金をかけて回収した街の木には、木材としてはもとより薪としての競争力もなかったのです。

そしてそれ以上に重要なことは、曲がっていたりねじれていたり、節の多い丸太からつくった木材

直径1mの大木だったエノキのテーブル。椅子はケヤキ、スダジイ、クリ、カキ、ナツミカン、モッコク、ソメイヨシノ。

その後、この時の木材は東京都調布市の飲食店「Cafe aona」の家具になって大活躍。たくさんの人が集まる街の建物や空間を、街の木でつくるはじめての事例となった。

は、いわゆる木材市場にあるような真っ直ぐで素直な丸太からつくった木材に比べて、一見すると同じように見えたとしても、反りや割れといった好ましくないことが激しく起こる。製材をして乾かしている間にも反りや割れは発生しますし、注意深く乾燥させて加工をして、製品として完成させてからも不具合が出てくる可能性が高いのです。

## 製作に時間がかかり、たくさんの端材（ゴミ）が出る

木材用の原木として見た場合の街の木がどういうものかがわかった上で、それでも街の木を木材にして製品をつくるとどうなるか。木材にするまでには、原木の選定（診断）から伐採、搬出搬送と製材、そして乾燥、と長い工程があり、その過程にも街の木を木材にする上でのハードルがいくつもあるわけですが、そうしたことを乗り越えることができて木材になったとします。そこから先、たとえば家具でよく使われる、輸入材のオーク（ナラ材）やウォルナット（クルミ材）といった木を使う場合とどう違ってくるのかを見ていきましょう。

街の木の場合、まずは木取《きどり》で悩む時間が長くなってしまいます。木取とはほしい部材の形を大きい材からおおまかに切り出す作業です。これは家庭菜園でできた歪な形のダイコンを使う際に、なにも考えずに切っていったのでは美味しくできない、というのと同じです。筋張ったところを避けたり、皮を剥くだけでも手間が増える。当然、ゴミになって捨てる部分もたくさん出てきます。

街の木からつくった木材の場合、同じ樹種の板であっても、積んでおいた上から順に使っていけるなどということはまずなくて、あれこれ引っ張り出しては、どの部材をどこからとれるのか、ああでもないこうでもないとやりくりを考えるだけで時間が経ってしまいます。ウォルナットがいくら高価といったところで、乾燥バッチリ（加工に適した含水率にコントロールされている状態）で、耳（丸

太の一番外側にあたる板の端。樹皮直下の自然の形が出た部分）も除いてあって真っ直ぐに整えられた、捨てるところがほとんどない、品質の揃った木材が電話一本で届けられるのです。ウォルナットがひと山工房に届いたら、上にあるものから順にほとんど悩むことなく使っていける。時間もかからずゴミも少ない。木材の単価が高いので一見高級材に見えますが、単価が安いけれども、正味使える部分が少なく製作にも時間がかかる木材と、本当にコスパが良いのはどちらでしょうか。

悩みながら木取をするのは大変に時間がかかる作業です。街の木の場合には、そもそも一つの樹種ごとにまとまった量がないのが普通ですし、足りなくなったら買い足すこともできませんので、一層慎重にならざるを得ません。また、時間をかけてもそれで正解なのかどうなのか。木材のクセを読む力を問われますが、これは加工そのものよりも身につけるのが難しい能力です。自分で考えてつくって納品して、不具合やクレームへの対応を繰り返しながら、木材とコミュニケーションをとり続けることで鍛えられていく能力です。私は自分でも木工作業を行いますし、ほかの職人や業者に協力を依頼して大人数でつくることもしてきましたが、そうしたなかで、一見同じようにつくられた品物でも、後に不具合が発生する確率が、材料のクセを見抜いた適切な木取や、材に応じた完成までのプロセスを踏める人とそうでない人とで、大きく異なることを痛感しています。

## クレームの発生率が高くなる

納品後に起こる木材の歪みや割れなどの不具合は、製作にかかる時間以上に大きな課題です。当然クレームにつながり、その対応をしなければなりません。そしてそもそも、街の木に限らず無垢の木材は、周囲の環境変化で常に伸縮し、動いているものです。環境変化に敏感で、直射日光やエアコンがとても苦手です。街の木だけでなく輸入材でも国産材でも、どんな良材を使っても、新建材（木目が印刷されたシートが貼られた建材）や合板のようにはいきません。無垢材を使うということは、街の木であろうと輸入材であろうと程度の差はあれ、新建材に比べると、跳ね上がるクレームのリスクを引き受けるということです。多くの消費者が、新建材よりも無垢材のほうが好きと言うにもかかわらず、私たちの家や街に新建材が溢れているのには理由があるのです。私は実際に、自分が関わったすべての案件で発生した不具合を確認し、その修正作業にも嫌になるくらい対応してきて、木を活かす難しさが骨身に染みています。無垢の木材を使用する限り、ある程度の不具合が出ること、クレームが発生することは避け難い。その上で、クセの強い悪い原木が多い街の木は、なおさら不具合なしやノークレームを実現することが難しいのです。

## 樹種が多い

樹種の多さは一見、良いことのようにも思われますが、木材としての活用を考えると、難しいことにもなってきます。まず、限られた樹種に関してノウハウを持っていれば良いというのでは済まなくなってくる。街にはよく見かけるものだけでも軽く一〇〇種を超える樹種があり、そのうち大木になるものだけでもたくさんの樹種がある。そしてそのほとんどが、木材としてのノウハウが、今日一般的に共有されているとは言い難い樹種です。私はそうした木々の活用事例をたくさんつくって情報発信もしてきましたし、昨今は多樹種を扱う人が増えていますので、以前ほどではないものの、それでも一般的な木材を扱う人たち、製材所の人であれ大工であれ木工業者であれ、インターネットや本で得た知識があれば良いほうで、実際に生きたノウハウを持っていないのは普通のことなのです。それはなんら業界の怠慢を示す話ではなく、料理の分野でも、すべてのプロがあらゆる食材に通じていないというのと同じです。しかし街にはたくさんの樹種があり、その地域に元からあった在来のものだけでもたくさんあって、その上に、別の地域から持ってこられたものや海外から来たものもある。魔窟、と言うべきか百鬼夜行と言うべきか、街の木の多様性はすごいのです。魔窟には人を惹きつけて止まぬ魅力がある一方で、怪我をする危険も大いにある。街の木を活かそうと提案するプロは、その魔窟を舞台に、お客になる人に損をさせない提案ができなければなりません。魔窟にある種々雑多な樹種のなかには、業界の誰もが知っているスギやヒノキやケヤキと同じように扱っていてはダメだという樹種もある。たとえば製材後の乾燥や保管を、スギやヒノキのようにしていたら台無しになる樹種がかなりある。木材として硬い木もあれば柔らかい木もあるし、湿気に強いものもそうでないものもある。硬いけど折れやすかったり、柔らかくて軽くても湿気には強い樹種もある。プロとしてあてになる提案をして期待に応えるにあたり、ネットで拾った知識に身を委ねるのはとても恐ろしいことです。お金を出すほうももちろんそう。好ましいのは生きたノウハウを持つことですが、それを何十、

製材した木材は、通常、桟木を挟んで通気性を確保しながら積み上げて乾燥させる（天然乾燥）。家具製作では一般に、天然乾燥後に人工乾燥を行い、加工に適した状態の木材に仕上げられる。

いろいろな小径木。小さい丸太から製材した材は、大きい丸太から製材した材に比べてクセが強く、反りも大きい。

何百という樹種について持つのは、それなりに難しいことなのです。

また、扱う樹種をいくつかに限っていれば、カタログや作例の写真もその数で足りますが、樹種が増えれば増えるほどそうしたことも大変になっていく。お客様にイメージを伝えることが難しくなってしまう。そしてそれ以上に大変なのが、木材の使い回しが難しくなることです。いつも決まった材でつくっていれば、なにかをつくって余った材はそのまま次につくるものに使えるし、足りなくなったら買い足せばいい。しかし扱う樹種が増えれば増えるほど、使い回しは難しくなっていく。工房や倉庫には、使いどころが難しい中途半端な量の端材や余り材が溢れることになる。市販で手に入る樹種の材なら買い足すこともできるでしょうが、街の木ではそもそも木材としての流通がないに等しい樹種のほうが多いのです。

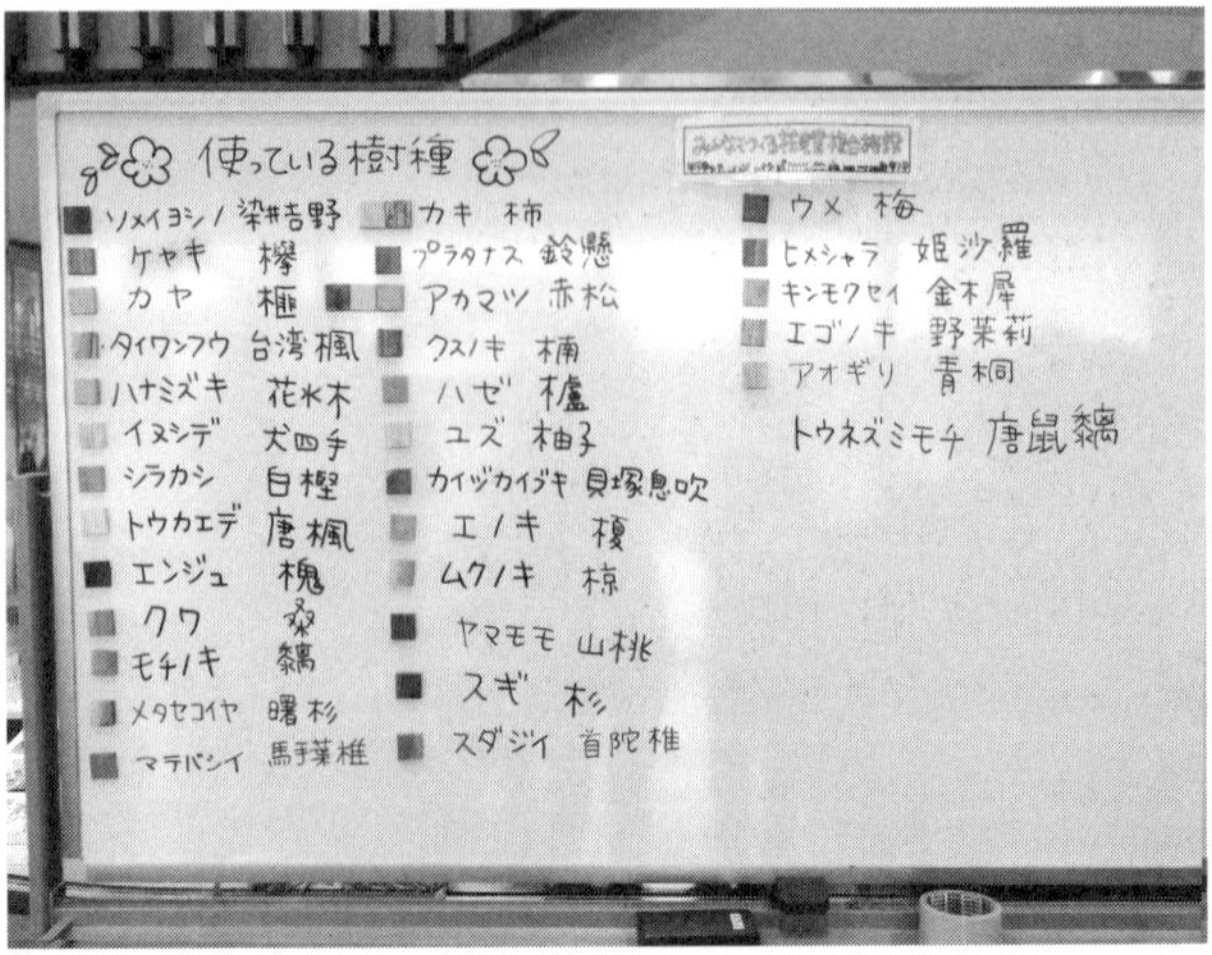

住民参加での家具づくりの際に、参加者が書き出してくれた使用樹種一覧。

## 山林の広葉樹でも木材になるものはごくわずか

下の表は、街の木と一般に流通する木材用原木の違いを大まかに説明したものです。木は大きければ良い、というものではないことは明白で、通直《つうちょく》で太さがあり、腐れや節などの欠点がないこと、そして下表にはありませんが、一定の量が安定的に確保できる、ということも木材としては重要です。

一般的に市場に出る木材ということで、街の木に多い広葉樹に限って言うと、一般的な林業で伐採される広葉樹のうち、合板用も含めて木材になるものは一割もありません。木がいっぱいあるように見える山林でも、木材として搬出して販売できるような木は滅多にない。ほとんどのものは街の木同様、紙の材料などになっていて、本当に選りすぐりのものだけが木材市場に出されているのです。そして選りすぐりのものだか

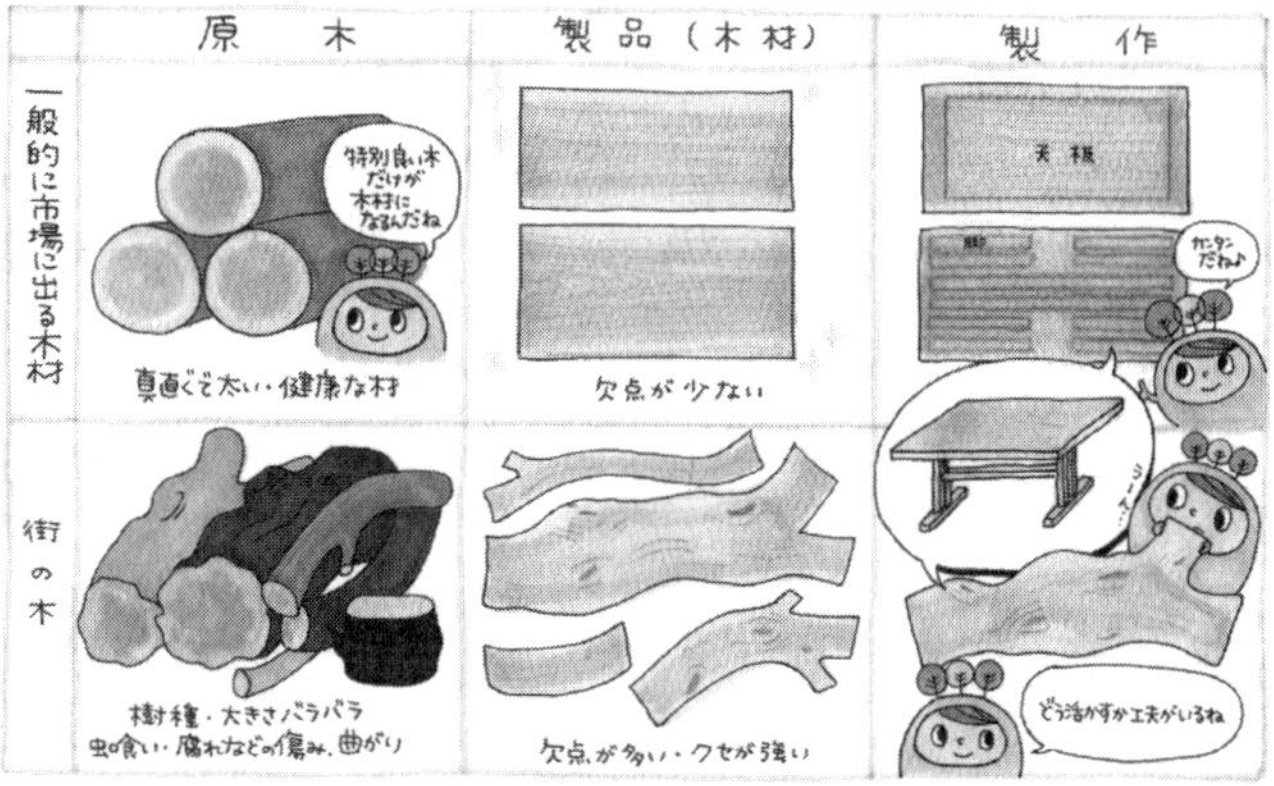


一般流通材と街の木の比較。この関係は、上段の「一般流通材」を「輸入広葉樹材」に、下段の「街の木」を「国産広葉樹材」にしても成立する。街の木以前の話だが、国産広葉樹材活用の難しさも価格ではなく、その品質と産出量（品質の揃った材を揃えるのが難しい）にある。現状、街の木を木材にするということは、輸入広葉樹材よりも不利な国産広葉樹材よりも、さらに不利な材でつくって勝負するということであり、そこを大幅に改善する案が、第五章の提案で取り上げる「街路樹の林業的管理」である。

ら高値がつくのかと言えば、そんなことはありません。木材の場合には、一定以上、安定して供給されるだけの量があることが大切です。これは街の木以前の話になりますが、国産広葉樹材は産出量が限られるので、輸入材に比べて競争力を発揮することが難しいのです。

スーパーマーケットで売られているダイコンやニンジンのような、クセがなく形が揃ったものがたくさんある木が、木材業界における一般的な「良材」です。家庭料理でなら家庭菜園でできた少々形が悪いダイコンやニンジンも使えるでしょうが、ほとんどのプロはそういうわけにはいきません。形が個性的なダイコンを活かすには、工夫と手間とセンスが必要です。右から左に流して効率よく仕事を進められないし、品質にもばらつきが出てしまう。どれだけ工夫をしても、プラスに持っていけないこともある。その上で、そうしたことを乗り越えてできる料理が、スーパーマーケットにある野菜を使った料理よりも高く売れるかというと、そんなことはありません。街の木のほとんどは、家庭菜園でできた形の悪いダイコンやニンジンのようなものなのです。その上で、虫が食っていたり腐っていたり、釘が入っていたりする。そういうものに、どうすれば競争力を発揮させることができるでしょうか。

## 時代に合わないことをするのは無理がある

街で伐られた木々を木材にしよう、ということを難しくしているのは、木そのものにある「欠点」だけではありません。時代に合わないことをしようとしている、ということがなににも増して難しいのです。私がいまいる東京都の都市部はその最たるものですが、土地がなにより貴重で、木材を干しておく場所もない。製材所に効率よく運べるように、トラック一台分たまるまで丸太を置いておく場所もない。場所を確保するにはお金がかかるし、そのお金があればわざわざ丸太から手掛けなくても、いますぐに使えるはるかに良い木材を買うことができてしまう。

そしてもし、土地がタダだったとしても難しさがなくなるわけでもない。もう時代が違うのです。仮にいま、私が家を建てようとしていたとする。その敷地には、立派なヒノキが何本も立っていたとする。一本だけではなく、一〇本も二〇本もあったとしても、それを柱や梁などに使うより、ただ伐って処分して、木材は別に買ったほうが安いというのがいまの時代の仕組みなのです。少し時代を遡れば、地域地域で、山林と製材所と大工などが一体となって、建築や木工製品がつくられていた。その時代には近くにある材を使うのが合理的で、コストを抑えることにつながった。だからその時代には、大工も木工業者も、地元の製材所で自分が必要な材をつくってもらうのが当たり前でした。そうしたニーズに対応する中小の製材所もたくさんあった。しかし今日では、物流の発展と素材生産の仕組みの変化で、近くにあるものを使うことが必ずしも合理的（低コスト）とは言えなくなっています。

私は実際に、東京郊外に借りている倉庫の裏山の立派なヒノキを伐採し、木材にしたことがありました。四メートル前後の丸太約四〇本を製材所に出して、建築に使う木材をつくってみたのです。原木代（木をそこまでの大きさに育てるコスト）は無料、伐採搬出を木こりでもある地主さんに仲間価格で担当してもらい（補助金などはなし）、諸々の段取りや製材の指示などをできる私のような者がやってようやく、木材としてのコストは、普通に流通する材を買うのと同等か少し負けている（私の人件費を入れたら完全に負けている）という結果でした。

小中規模の木材生産が合理性を発揮できた時代から、より大規模に、全国的にどころか世界的に素材が流通する時代へと変化するなかで、大工は製材所に行かなくなり、中小の製材所は廃業したり、製材はせずに、仕入れた木材や建材を販売したりする業態へと変わっていきました。製材所の数は減少の一途をたどり、製材をしなくなった材木屋も、ホームセンターやより大規模な建材供給業者に取って代わられてきています。大規模に仕入れて効率よく販売する。素材を生産する側も使う側も、原木をいちいち見てああでもないこうでもないと考えて、打ち合わせをして、製材して乾燥させてまた運んで、とやっているようなスピード感、コスト感では、とうの昔にやっていけなくなっているのです。

## 二つの課題

これまで木材にされてこなかった街の木を木材として活用するにあたっては、まず、欠点が多い木材でつくらなければならないという、技術的な課題がありました。また、より本質的な問題として、都市での小規模な素材生産からはじまるものづくりが、時代に合っていないことがありました。

技術的な課題についていては、ある意味、否、完全に、お金さえあればなんとかなる課題とも言えます。いくらかかっても良いのであれば、どんなゴミからであろうと椅子でもテーブルでも建築に使う建材でもつくることができるでしょう。お金はある意味暴力的であって、手間賃さえ払えればなにをしてもいいという感じのデザインが、とりわけ建築ではまかり通っているようにも思われますが、自分の手でものをつくる職人は、普通、無駄に手をかけることを嫌うものです。見合った手間賃がもらえれば良いではないか、と思うかもしれませんが、職人は無感情なロボットではないのです。私も、自分は職人だ、などと名乗ったら怒られそうですが、かなり自分の手を使ってものをつくります。そうしたなかで、かけていい性質の手間と無駄に思える手間があることを感じています。良いデザインとは、使う人に喜んでもらえることはもちろん、つくる人にとっても手間をかける甲斐があるものだと思うのです。

都市林業は、昔の人々が、身近にある素材を活かすことで、自ずから個性あるデザインに到達し、自分たちの歴史や文化、伝統そのものとも言える暮らしの道具や建築をつくっていたような、そんなものづくりを、街の木を素材にすることでできないものかと模索してきた取り組みです。ある程度お金がかかるのは仕方がないにせよ、間尺に合わない不合理な手間＝コストをかけて成立するのではダメなのです。手間＝コストをかけるならかけるで、甲斐のあるものにしなければなりません。悪い材料を活かすなら活かすで、なぜそれをあえて活かすのか、しっかりとした説得力が必要だと思うのです。

時代に合っていないということも承知した上で、どうやって私たちの時代に合うものにしていくことができるのか。街の木を木材にして活用することを、一過性の話題づくりの範囲を超えて「成立」させることができるのか。次章では、都市林業が目指す「成立」の仕方について、議論を深めたいと思います。

# 街の木（クセが強い材）の活かし方①

街の木は欠点が多い、ということをお話ししてきましたが、ここでは、そうした材を活かすいくつかの工夫をお話しできればと思います。

## 反りや歪み、割れにつながる材のクセ

家具でも建材でも、製品として完成して納められた後に材が反ったり歪んだり割れたりすると、多くの場合、クレームになってしまいます。これを避けるためには、まず悪い原木であれいい原木であれ、できるだけ良い製材をすること。製材はただ木をスライスしているだけのようにも見えますが、実はとても腕の差が出ます。クセが強い悪い原木ほど差が出ます。私はほんの数年でしたが、巨大なケヤキの製材を専門にしてきた名人に製材をお願いすることができました（残念なことですが、社長の引退に伴い廃業してしまいました）。それ以前にもいくつかの製材所でお世話になってきましたが、ケヤキという、硬く大きく、クセの強い原木も多い樹種を専門にしてきた名人の技術は圧倒的でした。価値を引き出す製材とはこういうものだ、と見せつけられました。悪い原木であれ良い原木であれ、

そのポテンシャルが高いレベルで引き出される。もちろん、悪い原木が良い原木と同じになる、という話ではないので、そこは注意してください。製材でも乾燥でも加工でも、魔法があるわけではありません。

さて、できるだけ良い製材をして、その上で乾燥です。乾燥が大事というのは、木を加工する人であれば誰もが知る基本です。グリーンウッドワークのように乾燥していない生木の状態で加工をする場合もありますが、ここでは一般に市販されているような木工製品をつくる場合の、標準的な話をしていきます。

乾燥の方法には天然乾燥と人工乾燥があり、そのどちらか、もしくは両方を行って、いわゆる製品としての木材ができあがり、その状態の材から、建築で使う柱や梁、フローリングや家具などがつくられます。天然乾燥あるいは自然乾燥と呼ばれる、自然に任せる昔ながらのやり方はいまでも基本です。昔ながらのやり方として、水に浸けておくやり方もありますが、これはほぼ見られなくなりました。その上で、時間の短縮や、天然乾燥だけで済ませるよりも、一層、材の狂いが出るリスクを減らすことを目的に、設備と燃料を使って乾かす、人工乾燥のお世話になるのです。人工乾燥は良くない、天然乾燥こそが時間がかかっても最上、と主張する人がいますし、人工乾燥に入れていない材でものをつくるなんて絶対に嫌だと言う人もいます（木工雑貨や家具をつくる世界ではこれが当たり前）。

なにが正しいのでしょう。乾燥に関しては、樹種によっても異なりますし、なにを求めるか、たとえば伐ってすぐに使いたいのか、それとも何年も時間があるのか、あるいはどの程度のコストをかけられるのか、求めるのは材の質感や耐久性なのか、とにかく歪みや反りを出にくくすることなのか、などによっても最適な方法は異なるので、なにが良いと一概に言い切ることは不可能だと思います。人工乾燥にもさまざまな方式があり、それぞれの特徴をアピールする資料にはみな良いことが書いてある。それは嘘ではないでしょう。しかしそれでも、まるで魔法のように良いことずくめで、木が良質に仕上がるとされている方式のお世話になっても、程度の問題であって多かれ少なかれ木は狂うものだと、緊張した構えを解かずに製作にあたるのが、玄人の大工や木工職人というものです。三年どころか三〇年、天然乾燥させた木材であっても同じです。木という素材はそれくらい難しい。だからこそ、悪材（クセが強い材）でものをつくるよりも良材（素直な材）で、ものをつくるのが良いとされてきたのです。林業では、古来、良い木材をつくることを目指して、山や木の手入れをしてきたのであり、その最たるものが、小さな節一つない「無節」と呼ばれる、最も等級の高いヒノキやスギの材なのです。

街の木であってもできるだけ良い原木を選び、良い製材をして、そのプロジェクトの意図、予算、納期などを総合的に考えて、できるだけうまく乾燥させること。加工の段階でも上手な木取、外連味のない仕事。その上で、なにをしても不具合が出る可能性はあるものと覚悟して使うしかないのが、クセの強い街の木はもとより、あらゆる無垢の木材を使うものづくりが避けられないことなのです。

**曲がった材は曲がったなりに**

街の木から得られる丸太の多くは曲がっています。曲がっていないほうが普通はありがたいのですが、街にそういう丸太がとれる木はなかなかありません。曲がった材から真っ直ぐな部材を切り出すことは、もちろんできます。しかしその場合、捨てる部分が多く出るだけでなく、切り出された部材のなかで、木目が通っていないことによる強度への影響があり、ま

曲がった木材（**写真上**）と、木材の曲がりを後ろ脚の曲線に活かした椅子（**写真下**）。ヤマモモ、ミズキ、クマノミズキ、アキニレ、ソメイヨシノ、キンモクセイ、モチノキ、サンゴジュ、スダジイ、アラカシで製作。

た後々、歪みが出やすいといったこともあります。木目は（節などもそうですが）単なる模様ではなく、力の流れを示すもの。力の流れに沿った木取を心掛けることが重要です。

前ページの写真の椅子は、曲がった材を活かす木取の一例です。一見なんの変哲もない形の椅子ですが、曲がった原木から得られる曲がった材を活かそうというなかで生まれたものです。この椅子では、材の元々の曲がりを活かして、曲がりのある後ろ脚の材を得ています。

また、下の写真のハンガーでは、細い枝も含めてですが、やはり曲がった材の形をそのまま活かすようにして、そうした材でなければつくれないものに生まれ変わらせました。

曲がった枝をアーム部分に活かしたハンガー。要の材は防虫効果のあるクスノキ。

## 生来の形を組み合わせて活かす

下の写真は、いま建設中の、街の木でつくる建物（一部合板などを除いた九割以上の木材がすべて街の木）の洗面室の床の製作風景です。樹種はモッコク。庭木の王とも呼ばれるような街の木らしい樹種ですが、ツバキやキンモクセイのような感じで、あまり大木になっていないのが普通です。このモッコクは神社の境内で育ったもので、街のモッコクとしては異例の大きさ。かなり大きな板がとれたのですが、それでも普通に真っ直ぐのフローリングをつくったのでは、曲がった部分など捨てるところがたくさん出てしまい、洗面室の床全体を賄うには足りませんでした。そこで写真のように、元々の形で、できるだけ切ったり削ったりせずに形が合う部分を探して組み合わせました。こうすることで、小さくしてしまうよりも元々の木の大きさを見せられますし、個性的な床にもなる。またここでは、部分

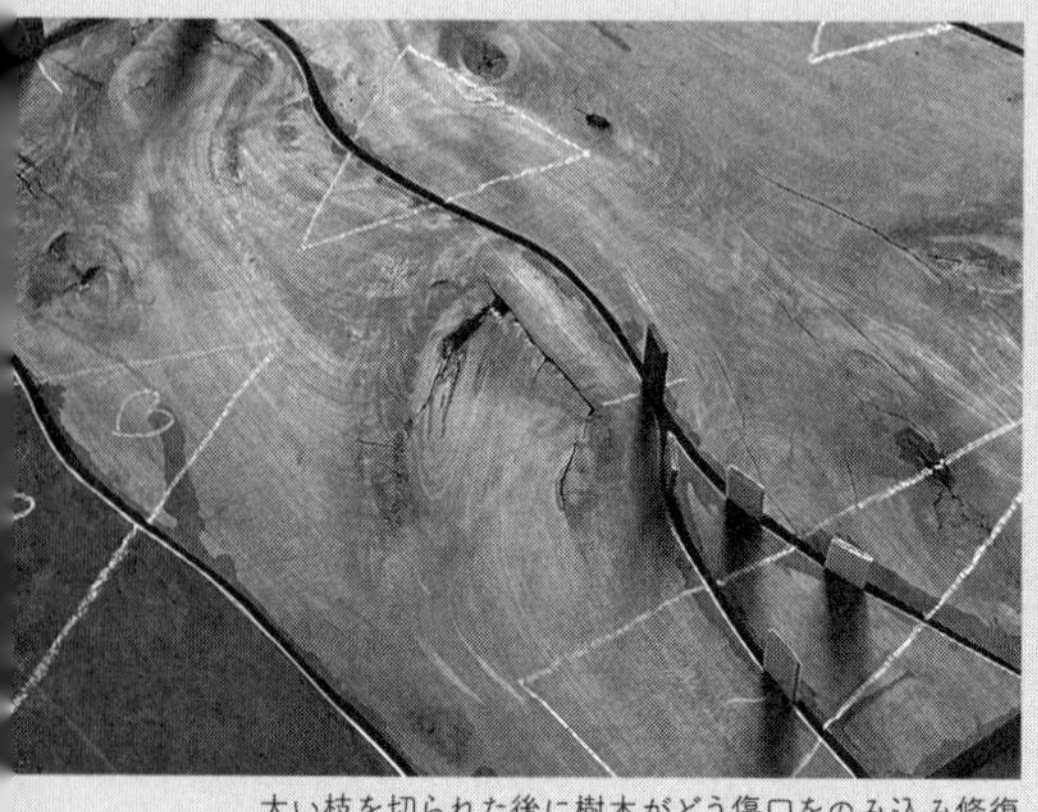

太い枝を切られた後に樹木がどう傷口をのみ込み修復していくか、が見られる断面。

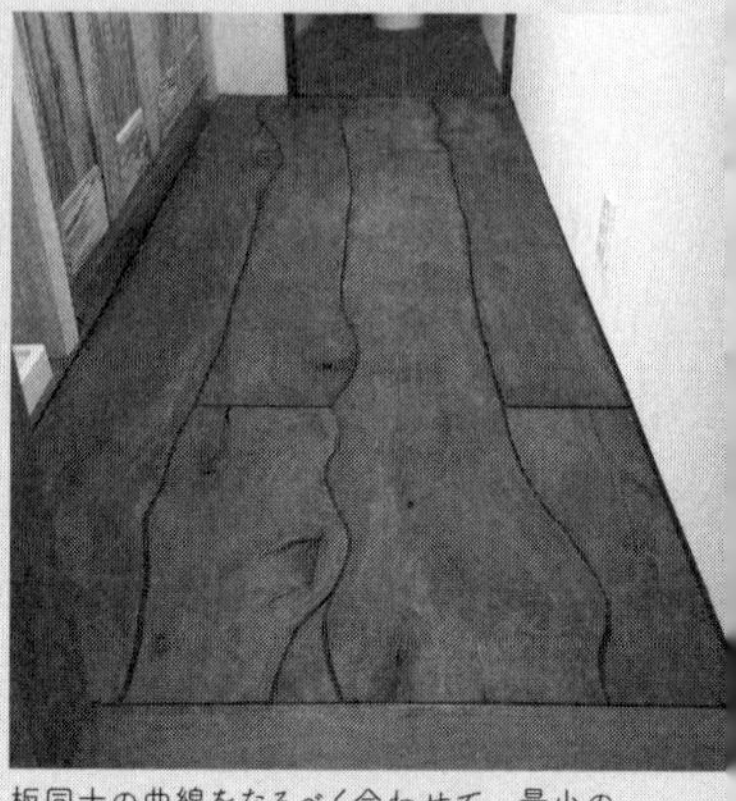

板同士の曲線をなるべく合わせて、最小の削りで済むように組み合わせた床板。普通に長方形のフローリングにした場合よりも手間がかかるが、目一杯に材を活かせる。

的に、木材としては悪いところをあえて見せる使い方もしています。それはたとえば、大きめの枝を切られた後に時間をかけて修復された部分の断面などですが、こういうものを見て喜んでくれる樹木医さんたちの顔が浮かんだのでそうしてみました。建築化された標本です。

## 虫食い穴を抽象化

街の木のなかには、強剪定などが原因で樹勢が弱っているものが多くあります。樹勢が弱った木は、材に腐れが入ったり、害虫の侵入を許しやすくなったりする。次ページの写真は、世田谷区庁舎のシンボルであった、ケヤキ並木の木を製材してつくったものですが、庁舎で育ったケヤキのなかには、虫食いがひどいものがありました。カンナをかけて綺麗にしても、それだけでは生々しすぎてえぐく感じる虫穴でしたが、穴の上からひとまわり大きい丸穴を開け直したりして、抽象的にしてみたのが上の写真のテーブルです。一見するとなにかの装飾のように思えるのですが、よくよく見てみると、あぁこれは虫食いだったのかと気づく。結果的に、虫食いのある材がそれなりにあって良かった、かえって面白くなった、となれば良いなと思いました。単なる装飾ではなく、意味のある行為が装飾にもなっているなど、「建築化された標本」もそうなのですが、なにかしら理由＝説得力のあるデザインになるよう心掛けています。

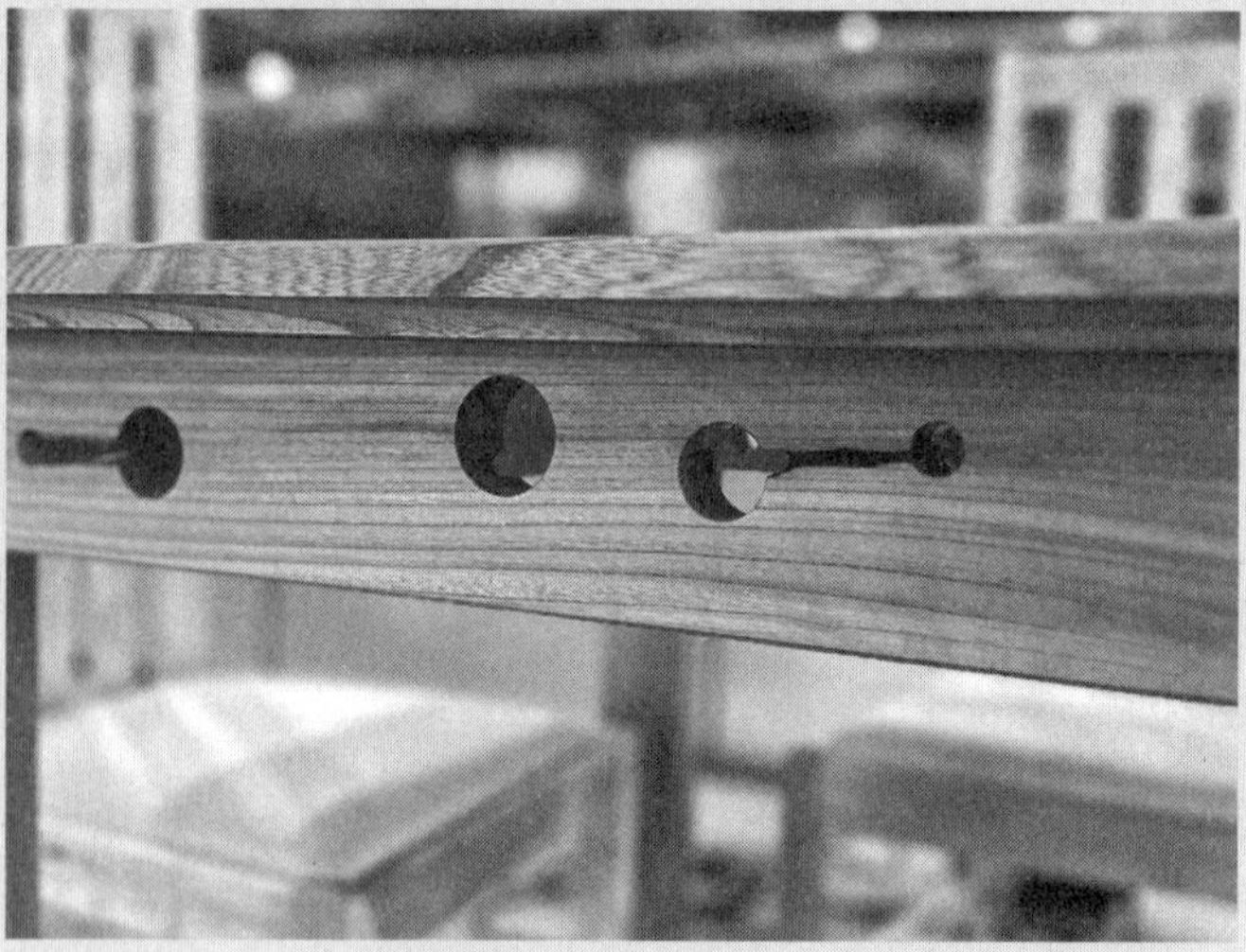

虫食い穴を抽象化したテーブルの幕板（ケヤキ）。こうした材は見えない裏方に使うことが多いが、見えるところで活かすことを考えた。

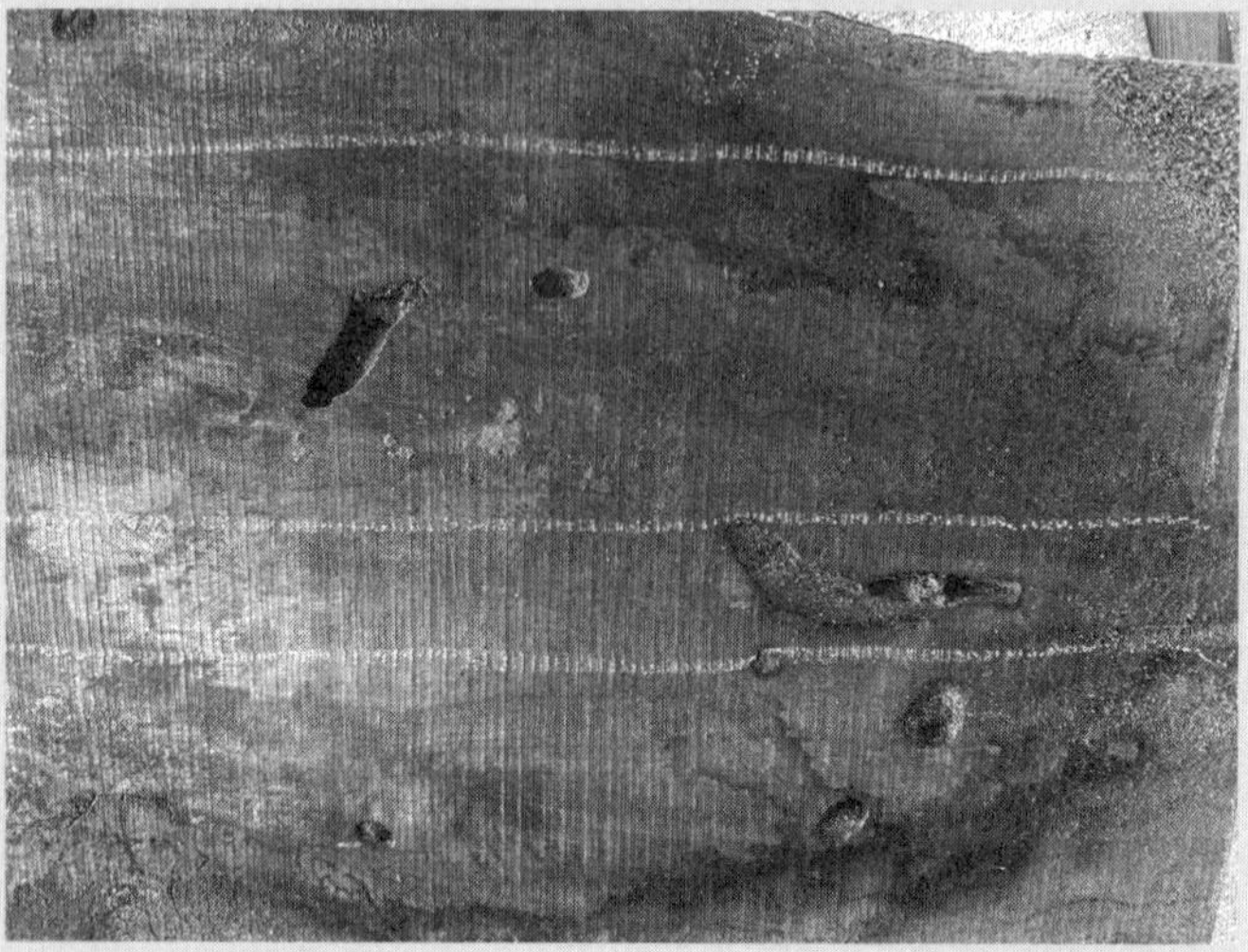

虫食い穴が生々しい原板（ケヤキ）。

# 第二章

# 都市林業は成立できるか？

## グリーンウォッシュで成立している？

一般に街の木が木材にされてこなかったのは、そうすることが合理的ではないと考えられていたからです。街の木は木材としてはダメという、いわば常識があったわけですが、都市林業はそれを覆すことができたのでしょうか。たしかに都市林業は、取り組みをはじめて一〇年と少しかかって、夢見ていたことのいくつかを実現できました。たとえば、街の片隅で丸太を拾い集めていた頃には夢のまた夢でしたが、街の施設や空間を、たくさんの街の木でつくることができました。そんな成果を見て、「街の木は宝の山だ」と言った人がいましたが、従来の常識が間違っていたのでしょうか。見向きもされていなかった街の木に価値があることを「発見」したので、都市林業は成果を出せたのでしょうか。そんなことはない。簡単に「宝」などと言って浮かれるのは、脳天気がすぎると思います。

私の取り組みも含めて、常識を覆したかのように見えるものは大抵の場合まがい物なので、もっと批判的に見なければなりません。木材には不適とされてゴミ同然に扱われていた丸太から、容易に立派な空間をつくれているのだとしたら、いったいどういうことなのかと訝しく思わなければなりません。お金を払って捨てていた丸太を木材にして仕事が成立するのであれば、普通の林業だって動揺するでしょう。良い木材をつくるために手入れをしなくても、これまで破砕して紙か燃料か堆肥にするしかなかった原木が、すべて木材としての値打ちを持つことになってしまう。なにか技術革新でもあったのだろうか。あるいは普通では考えられないような額のお金が出たからできたのか。いったいなによって、そんなおかしなことが「成立」できているのだろう。「街の木は宝の山だったんだ」などと言って、疑問に思わないのは木の素人です。木の玄人であればあるほど、魔法はないと知っているので、たとえば環境問題などをテコにして、お金を引っ張ってくることができているのではないかと疑い、ついこの間まで街の木はダメだと言っていたにもかかわらず、ウチもその路線のプレゼンで街の木や未利用材（木材にされてこなかった原木）の木材活用という案件をゲットできないか動いてみよう、などと考えてしまったりもするのです。

「都市森林」とか「都市林業」といった言葉を考えた私のことを「レトリック（言葉を巧みに用いること）の天才」と言った人がいましたが、口のうまい人が上手に補助金などのお金を引っ張って成立させているに違いないと、疑いの目で見て当然だろうと思うのです。実際、役所からの天下りを受け入れての案件獲得や、補助金だのみで事業を展開しているといった話は珍しくありません。近年は、グリーンウォッシュといった言葉も言われていますが、都市林業も環境に関わる取り組みですので、そういう手法で「成立」させることだって、十分に考えられるのです。

## 街の木を活かす事業は玉石混淆

このところ、都市林業的なことをしようとするプレイヤーが、目に見えて増えてきています。都市林業と言いはじめて以来、私は長く異端者でしたが、いまやそうではありません。あと数年もすれば、最初のユーチューバーが誰であったのか、もはや誰も覚えていないのと同じように、私は埋もれていくでしょう。いくらか存在感を保ちたいという思いがあることは否定しませんが、同時に、ずっとそうなることを望んでもいました。街の木を取り巻く仕組みと文化を変えるんだと大言を吐いてやってきましたが、本当にそうなった時には、ひとりだけがやっている状態ではないはずです。みんなが当たり前のこととして街の木を活かすことを目指して、事例をつくって可能性を示してきたのです。

ほんの数年前には考えられなかったくらい、街の木や、あるいは未利用材といった言葉が使われるようになりましたが、そういう原木（これまで紙や燃料になってきた原木など）を木材として扱うことがホットなテーマになってきている。なんとなく良いことにチャレンジしている感じがして、これまで捨てられていたものを活かしているかのように受け止めてもらいやすいのでしょう。そして残念ながら、と言うよりも当然のことながら、好ましくない形で事業として「成立」してしまっているものもある。不合理であることを克服できていないまま、仕事として「成立」していたりする。新しい試みなのである程度のことは仕方がないとした上で、事業者はできるだけ早く実効性のある取り組みにできるよう、問題意識を持たなければなりません。発注する側も、無謬性《むびゅうせい》を発揮することなく、事業の成果を厳しく評価すべきです。森林環境税やレジ袋の有料化などと同様に、たとえ一旦、社会に実装された仕組みでも、本当に効果のあることなのか不断の見直しが必要です。街の木を木材にするといった事業も厳しく見られてこそ、本当に価値のある取り組みに育ちます。街の木や未利用材は、木材にしなくても紙や堆肥や燃料になっていく。そもそも「未利用」ではないのです。そこにわざわざ手を突っ込んで、本来的に向いていない木材という用途に供することがどれだけ意味のあることなのか、冷静に見極めてほしいのです。街の木を木材にすることが偉いわけではありません。街の木を木材にして、誰かを喜ばせたり街を元気にできたりしてはじめて評価され、事業として「成立」すべきです。悪貨が良貨を駆逐することがないように、都市林業やそれに類する取り組みに対しては、ぜひ厳しい目で見て評価してほしいのです。

## 「成立」の形について考える

街の木を木材にすることは、一般的に、本来的に、合理的ではない。その上で、それでも木材にすることが仕事として「成立」しやすい場合がいくつかある。たとえば、大きな開発の現場で伐採反対の運動が起こっていたり、これから起こりそうなプロジェクトで、開発側がおためごかしのように伐採木でベンチやモニュメントをつくるケースはよく見られる。既存樹木の移植も同様ですが、そうした成立事例を評価するにあたっては、そういうことをして、街がどれだけ元気に、魅力的になったかを見なければなりません。かけた費用に見合うくらい、誰かが喜んだり感動したりしてくれたでしょうか。いくらかでもそれが実現されていればと思います。また、そのことがお金を出した側にとっての、見合った投資になっていればと思います。

投資にならないことは続けられません。伐採木で木工品をつくることもそうですが、そもそも街で木を育てることもです。街で大きな木やたくさんの木を育てたら、土地利用の妨げになってしまう。余計な負担をして移植をしたり、伐採木で木工品をつくらなければならなくなってしまう。その上、木工品をつくっても移植をしても誰も大して喜ばないし、感謝の一つもしてくれない、ということであれば、都市林業が「成立」できているとは言えません。そんな事例を見て、いったい誰がこの先、自分の土地で木を育てようと思うでしょうか。私たちはもっと違う事例をつくらなければなりません。

特別に思い入れのある木だから、ということで成立する形もあります。私もそういう思い入れのある木の持ち主から相談を受けて、その木を伐ったりその木の種から苗木をつくったり、木材にしてものをつくったり、木を伐った後の敷地の造園やメンテナンスといったことをしてきました。思い出づくりということで、木を育てたご家族やゲストも交えて、敷地の木の伐採や製材を、現場で力を合わせて行うイベントなどもしてきました。個人邸の庭はもちろん、会社の敷地の木ということもありました。

庭や会社の敷地の木を、プロに頼んで木工品にしてもらうのは、なかなかに贅沢な行為です。それで気持ちが満足する、というのは大事なことですが、なにをつくろうと、木工品それ自体としては高額なものにならざるを得ません。ですので、そうした場合にも、単なる贅沢な木工品づくりであることにとどまることなく、「投資」と言えるなにかを生み出すことができるよう、あの手この手を考えます。贅沢な行為としてではなく、投資になる行為にできればそれに越したことはない。一例として、その木と一緒に暮らしてきた当事者の物語になるように、イベントや参加のプロセスを考えたりするのはそのためです。

環境問題やSDGsなど、権威ある言説を後ろ盾にして成立させる、ということも考えられる方法です。プロジェクトの現場で、クライアントの側からそうした言葉が出ることもよくあります。ですが都市林業では、そうした言説を援用したプレゼンをしたことはありません。むしろ、環境問題やSDGsなどがなかったとしてもやって良かったと思える事例をつくりましょうと言ってきました。

なんとなく環境に良さそう、といった曖昧なことではなく、もっと明確なメリットがなければ選ばれない、買ってもらえない、成立できないという、当たり前の事業環境、すなわち平場《ひらば》こそが、最もクリエイティブな環境だと考えています。私たちは、木の活用を平場でどう成立させるかを頑張るのであって、平場を平場でなくするために活動すべきではありません。なんらの優遇も、まして補助金も助成金も、街に木を植えなさいだとか、伐ったら木材にしなさいなどといったムードも制度も、ないほうがいい。漫画やアニメがクリエイティブであり続けてきたように、平場に放っておいてくれれば、偽物に機会が与えられることはなく、本当に人を喜ばせた本物だけが残っていくでしょう。

## ブランディングで成立させる?

私が都市林業の取り組みをはじめた初期の頃、周りの人からのアドバイスとして、助成金をとれ、クラウドファンディングをやれ、と並んでよく言われたのが、ブランディングせよということでした。言われるということは、していないように見えたのでしょうが、ブランドになるために必要なことはしていたつもりです。ブランディングというと、オシャレな写真や動画で雰囲気を出してプロモーションをすることだと思っている人が多いようですが、ブランドの本質はそんなことではありません。その本質は個からはじまる物語であって、自分らしくあり続けようとする継続の日々であり歴史、すなわち本当のことが詰まった物語です。ブランディングのために必要なのは自分らしくあることであって、その自分らしさが他人から見ても好ましく、格好良く、真似をしたいものであればこそでしょう。

木を扱ってそういうものにならんとするならば、すべきこととすべきでないことは明白であって、ここで「成立」の形を論じているのはそれを明らかにするためです。都市林業がどのように「成立」することを目指しているのかを、明確にするためです。

都市林業におけるブランディングとは、本当のことをし続けることです。アイデアが生まれ、取り組みをはじめて、まだろくすっぽ中身のある試行錯誤も、誰かを喜ばせる成果も出せていないのに、美しいプレゼンや、試作品に毛が生えた程度の実績でデザイン賞にでも応募して、ブランディングをしているつもりになってはいけないと思います。

都市林業というアイデアが生まれて以来何年も、私はそんなことに時間を使わず、一樹種でも多くの木について生きた知見を持てるよう、木が伐られる現場に張り付き、木と格闘して、毎日木屑に塗《まみ》れていました。ただただ、新しい木との出合いや気づきに夢中になっていたこともありますが、同時に意識の片隅では、なにかプロジェクトに関われるかもしれない機会が来た時に、この人になら任せて大丈夫と思われる存在にならなければとも思っていました。たとえばどこかの緑地で、プロジェクトの末端にでも関われる機会が得られたならば、この現場にあるすべての木について、私はすでに木材としての活用を経験済みですと言えるように準備していた。いま振り返ってみても、結果的にそのことが、小手先のプロモーションでは出せない決定的な力、すなわちブランド力を発揮してくれて、これまで誰も見たことがなかった街の木でできた施設が誕生するという、事例をつくることができたのです。

ブランディングのために産地を示せ、刻印せよ、ともよく言われました。「街の木」だとか「世田谷区産」だとか、街の木の樹種や産地を刻印すれば売れるでしょうと。もちろんそうすることが喜ばれる場合もあるし、喜んでくれる人がいる場合には刻印をすることもある。しかしそれでも、素としての競争力があった上でのおまけ程度のことと考えています。みんながほしいのはスタンプが押された木材ではありません。ほしいのは素敵な家具でありインテリアであり、資産価値の高い建築や投資になるソリューションです。

また、少し余談になりますが、産地が大事という方向でプロモーションを進めることには、危険もあるのではと懸念してもいます。ワインじゃあるまいし、あんまりどこでもやってしまうと、逆に木を売りにくくなりはしないか。木材を商う人たちが、産地偽装だなんだと言われぬようにと、かえってやりづらくなりはしないでしょうか。

もし仮に、産地で選ぶことが今風なのだと消費者がすっかり洗脳された世の中が来たとしたならば、これは結構面倒かもしれません。東京都では何区の木が人気になるのか。もしかして、世田谷区で隣の杉並区の木を使うのはイケていないとなってしまうのか。公共の建物や備品をつくるとした時に、距離的には近くても隣の神奈川県や、もっと離れた他県の木を使うのは推奨されないとなってしまうのか。そういうことが当たり前にある状況が合理的と言えるのか。秋田材だって吉野材だって西川材だって、東京で胸を張って使いたいのです。なんのバイアスも、ましてや規制も優遇もないなかで、良いものは良いと選べたほうがやりやすいと思うのですが、どうでしょう。認証を受けた材しか使ってはならないとなってしまうと、街の木の木材は公共施設では使えなくなってしまったり、そうなると新たに街の木を認証する仕組みがつくられたりもして、いろいろと余計なコストもかかるし、面倒なことになるなと思ってしまいます。面倒なことになったらなったただけ、小さな業者は参入しづらくなりますし、コストもかかる。いちいち木材に刻印をすることもそうですが、ユーザーが求めないのであれば、そんなコストも、もっと本当にユーザーが求めることに使えるのになと思います。余計なことにコストを使う余裕は、街の木の木材活用にはないのですから。

## 実際、どうやって成立させたのか

街の木というクセの強い素材に関する技術的な課題を乗り越える工夫については、コラム「街の木(クセが強い材)の活かし方」、あるいは事例紹介のなかでもいくつか紹介していますので、そちらを参照していただければと思います。技術革新などと言えることはありませんが、いろいろと工夫はしています。それに対してここでは、技術的な課題とは違う側面から、私なりに、事業として成立させるためにしてきたことを紹介します。

## 効率化とワンストップ化、芸域・職域を広げて成立させる

都市林業の取り組みでも、当然のこととしてコスト圧縮、効率化の努力が必要です。しかしこれは、競合する一般国産材や輸入材でつくることを視野に入れた場合、それだけでは到底勝ち目がないことも明らかです。都市林業の取り組みでは、一般的な効率化の努力に加えて、街の木を木材にしてのものづくり、という限られた範囲（そのなかにもたくさんの工程があり、各工程に専門家や専門業者がいるものですが）を超えて、案件一つあたりの規模を大きくすることを試みました。仕事が大きくなればそのなかでものづくりに使う予算の比率が下がります。仕事が大きくなればたとえば木工品の製作だけでなく、伐採もこちらで請け負ってしまうなど。これはとても効果的で、うまく噛み合えば仕事を発注する側にとってもメリットがありました。企画提案からはじまって、樹木の診断、伐採、製材、デザインや設計、製作、造園やインテリアなどの設計や施工まで、いろいろなことをワンストップで相談できるようにする。また、各工程のすべてを、小規模であれば自分ひとりでもできるようにする。普通、各工程のそれぞれに専門家や専門業者がいて、それぞれに持っている道具や設備も違います。ですので、私

のところだけでも相当のことができる準備をした上で、プロジェクトの規模や難度によっては、当然、外部の業者や専門家の助力を求めるわけですが、できるだけいろいろなことを一人で、ワンストップでできるようにしていきました。小さなプロジェクトでは、そもそもたくさんの専門家や業者が関われるだけの予算がないので、一人ででもできることが有利なのは当然ですが、大きなプロジェクトでも、すべてに精通している指揮者がいなければ、各工程、各業者の連携がうまくつながらず、たどたどしい伝言ゲームのようになってしまいます。実施段階ではもちろん、提案段階でも、すべてをわかっている人がいるのといないのとでは大きく違います。楽器を持った奏者がバラバラに違うところに点在しているのと、それなりに自分で楽器も演奏できる指揮者がいる楽団のような違いです。クライアントは指揮者と相談すれば良く、指揮者は奏でたい音楽によってメンバーを集め、場合によっては自分も演奏に参加する。一人しか雇えないクライアントであれば、一人で出掛けていって演奏する。

街の木を木材にして活用できないかという話が出た時に、クライアントからいつも困っていたと言われるのは、誰に相談すればいいのかわからなかったということでした。製材所の人に相談しても、建築家や工務店に相談しても、すべてがわかっている人がいるとは思えない。全体としていくらかかるのかも把握しづらいし、複数の専門家が絡むチームをつくったら誰がそれを統括するのか。仮にチームができたとしても、すごい額の予算が必要になりそうだ。そういう不安があったと聞いていたので、クライアントがとり得る選択肢を、幅広い可能性のなかから柔軟に提案し、実行できるようになろうと考えました。そうすることで全体としてかかるコストも節約でき、仕事を受けるこちら側としては、一つの案件の受注額が大きくなって、ものづくりにかける予算を相対的に小さくできる。公共のプロジェクトの場合などには、地域住民とのやりとりや、参加のプロセスを設けたりもしますので、いわゆる街づくり的な業務やイベントの企画運営なども出てきます。一般流通材を使う場合と比べて勝ち目がない、単純なものづくりでのコストの負け分を、仕事の幅を広げることで取り返しやすくなるのです。

## 投資になることを考え抜いたから機会を得られた

コストダウンや効率を上げる努力が必要という一方で、新たなメリットをつくる工夫は一層重要だと思います。本来的に木材にするには不利な点が多い原木でつくるのですから、どこまで行っても、単純な材料費では一般流通材に敵いません。問題は、そのコストに対して見合ったメリットをつくり出せるかどうかです。都市林業では、単に木工品をつくることにとどまらず、節操なくなんでもありで考えます。あらゆる機会をとらえて、有形、無形のメリットを生み出すことを考えます。安いこと、お金をかけないことが良い選択とは限らない。お金をかけて、それが贅沢なことや浪費ではなく本当に投資になるのであれば、お金は使えば使うほど増えていく。私たちは豊かになれる。そういう循環をつくってこその都市林業なのです。そのためには、伐採木で木工品をつくって一丁上がり、という意識から飛躍して考えなければなりません。それ以上になにができるのか、どんな価値を生み出せるのか、ひたすら考え、試行錯誤して、成立への道を探してきたのが都市林業の取り組みです。小さなところから事例をつくって、実際にお金を出した人や取り組みの成果（投資のリターン）を実感した人が次に繋いでくれて、より大きな事例もつくれるようになっていったのです。

「街には木に思い入れがある人が多いですよね。だから木の活用が仕事として成立したのでしょう」とよく言われます。「街で木を伐ることには反発が大きいですよね。企業でも自治体でも、木を活用することに理解があって、お金も出やすいのでしょう」と。しかし現実はそうではありませんでした。それは私だってはじめのうちは、多少なりそういうことがあるのではと期待していた。しかしすぐにそんなことはないのだと知りました。不況の時期にはじめたことも大きかったのかもしれませんが、長く続いた節約傾向、デフレマインドは、個人だけでなく、企業や自治体にも浸透していた。それどころか自治体ではデフレ以前に、建物や備品にコストをかけるのはとにかく悪いことといった雰囲気があって、「予算がない」がなにをするにも枕詞になっていた。都市林業のプロジェクトでは当たり前になっている、木を活用する過程への関係者や地域住民の参加だってそう。いつもしている説明会や合意形成のためのものではない、住民参加で木を製材しようだの工事現場で幼木を救出しようだの、耳慣れないイベントに自治体がお金を使う習慣があったわけではないのです。前例がないことは基本しないし、すんなり予算なんてつきはしません。前例がないので仕様書（役所が仕事を発注する際につくる書類）がつくれない、参照できる仕様書がないとも言われた。新しいことをしようとする一周目にはなにもありませんでした。

そんな市場環境を前にした私のほうも一周目でした。わずかなお金で会社をはじめて、商売もはじめてならば使える場所も設備もろくになく、街の片隅で丸太を拾って木工品をつくったり、小さな体験イベントを開催するのが、できることのほとんどと言っていい状況でした。アイデアがあっても、それを実現する機会を得るには程遠かった。提案であれ商品であれ、買っていただく、選んでいただくことが、どれほどに大変かということすらなにも知らずに、木でなにかをつくって売るという世界に入ってもがいていました。

当時、木工品に限らず手づくり品をつくる作家のブームがあって、週末には神社の境内や公園などあちこちで手づくり市が開催されていた。私も国産木材や街の木でつくった木工品を車に積んで、あちこちのイベントに出展してみた。こちらに関心などない人が行き交うところでお店を広げ、一日中笑顔でそこに立つ。数百円、千円のモノを一つ売る難しさをはじめて知った。どうしたら立ち止まって見てもらえるか。国産材も街の木もつくり手の苦労話も、話は聞いてもらえても買うかどうかは別の話。木を活かすのは良いことだなどといったムードだけでは、平場では買ってもらえないのだと思い知らされた。どうすれば「素敵ですね」にとどまらず「買います」にいけるのか。そうして気づいたのは、自分の話をする前に、相手の話をこそ聴く必要があるという当たり前のことでした。独りよがりに都市林業などと言ったところで、誰も喜ばせられないのだと思い知らされた。

手づくり市での販売と並行して、ネットでの販売も試みました。検索に引っかかるようＳＥＯやＬＰＯにも取り組んで、ネット販売でも相手の立場で考えること以上に、大切なことはないのだと理解しました。そうしていくつかの商品を開発し、それらについてはＳＥＯ一位をとったし、高額な木工雑貨をそれなりに売ることができるようになっていった。ネット販売でもリアルの場とまったく同じで、買う人に喜んでもらえる工夫をする以上に大事なことはありませんでした。街の木がどうだとか日本の山の木がどうだとか、そんなこちらの事情の話は、喜んでいただいた後にすればこそ楽しく聞いてもらえます。

一つひとつの作品や商品を売るよりもずっと大きい、街の施設や空間をつくるといったプロジェクトでの提案でも、まったく同じです。環境問題や二酸化炭素がどうこうといった話は一切持ち出さず、クライアントの話を聴き、彼ら自身が持っている、工事で伐採した木でつくれるのはベンチかモニュメントか記念品ぐらいだろうといった相場観から、一旦まぜっ返して議論して、クライアントにとっての真に投資になるプランを考えます。自分が身銭を切る立場の人間であったと仮定して、その自分が心から納得して提案を採用することができるように考えていくのです。

## 街の木の循環、お金の循環、愛情の循環

街の木の木材化を成立させるには、つくったものが売れてお金が回らなければなりません。私個人の話をすれば、元々、自分の探究や満足できる作品をつくることが一番で、売れることを軽視する傾向がありました。しかし都市林業の取り組みをはじめて、木でつくったものをお金に換えることに取り組んで、売れることの大切さが身に染みました。世の中で売れているものは、人にどうすれば喜んでもらえるのかに心を砕いてつくられていたのだと知りました。だから売れる。自分ありきではなく相手を見て、本当に喜ばれることをしているから売れるのです。押しつけではなく、正しく人を愛する力があればこそ売ることができて、お金という、やはりその人が誰かを愛したことで手にしたものが、今度はこちらに回ってくる。お金を否定的に見る考えもありますが、愛情の象徴であると見たほうが建設的だと、私は考えるようになりました。

都市林業に限らず、私たちが取り組むあらゆる仕事において目指すべきことは、相手を喜ばせることです。街の木を活かしたい、というのはこちらの事情です。こちらの事情を押しつけて、相手にとっ

ての投資にならない提案をすることは、結局のところ、お金という愛情がぐるぐる回る妨げになってしまう。「成立」させるためにすべきことは単純です。ただただ相手を喜ばせられるよう心を砕き、提案やものをつくればいい。提案を受ける側、ものを買う側も、本当に愛のある提案や商品であるのかを見極めて、自分の愛情すなわちお金を差し出すかどうかを決めればいい。

街の木が木材としても活用される、自然な循環をつくることを目指すのが都市林業なのです。その循環と共にある愛情＝お金の流れも、回れば回るほど回した人が豊かになれる、投資になっていなければはじまらない。そして、投資になっているのであれば、当然のこととして都市林業は「成立」できる。回れば回るほど大きく、力強くなるのが愛情でありお金です。私たちはそういうものとして都市林業を「成立」させるのです。たくさんの木を育てて、たくさんの人を喜ばせ、また自分も喜び、そんな循環をぐるぐる回して、街の木でできた特別な施設や建物も誕生させていくのです。

# 都市林業のはじめ方

## 自分でできることからはじめる

木の活用をしたいがどこから手をつけていいかわからない、と言われることがよくあります。公園や緑地の管理に携わる人や、学校や自治体の職員であったり、実際に現場で仕事をしている職人さんや、木工系以外の専門家の方、あるいは緑地に関わる活動をする団体という場合もあります。敷地で木を伐ることがあるので、木材として活用できたらという思いがある。しかし現状、それに割ける予算は少なくて、その道のプロに来てもらうのは難しい。でもやりたい。なにかできることがないものか。取り組みとして立ち上げて少しずつでも育てていくには、どこから手をつければいいのでしょうか、といった悩みです。道具も知識も経験もほぼないという場合から、いくらかできる人がいるという場合もあります。

やはり一番のハードルは丸太を板などの木材にする、というところです。そういう悩みに対応して、何度か講座を開いたことがありました。小型のチェンソーやホームセンターで買える導入しやすい機械を使って、手間はかかっても木材にする方法を指導しながら一緒にやる講座です。そうしたノウハウについては、動画にしてユーチューブで公開をしていますので、そちらをご覧いただければと思うわけですが、その上でお伝えしたいのは、「○○がないからできない」という考えを捨てることです。

私もはじめはなにもありませんでした。元々、木の加工をしていたわけではないですし、近くにそういうことをしている人もいませんでした。ついでに少し自己紹介をさせていただくと、私は大学では歴史を専攻、西洋美術史（シュルレアリスム）を研究し、並行して哲学も学んでいました。その後、自分もつくり手になりたいと発起して、建築設計事務所での修行をはじめたのがものづくりに関わるキャリアのスタートでした。使っていた刃物といえば模型づくりに使うカッターナイフくらい。そのうちに現場に興味が湧いてきて、安物の丸ノコやカンナを自己流で使っていましたが、加工に関してはど素人でした。木造建築を追求していくなかで、

道具ゼロ、経験ゼロからはじめられる木のスプーンづくりや、DIY店でも導入可能な機材を駆使して自分で製材する方法など、動画でのノウハウ共有を行っている（巻末参照）。

木の加工や木材そのものについてもっと研究したくなり、木工産業が盛んな岐阜県の高山市にしばらく移住して木や加工のことを学んだ後に、東京に戻って都市林業の取り組みを開始しました。その時は新宿区のビルに囲まれた小さなマンションに住んでいて、実家は住宅が密集した世田谷区にありましたが、猫の額ほどの小さな庭があるくらい。木を置いておく場所もなければ、加工できる環境もありませんでした。起業はしたものの商売のいろはもわからず、使えるお金もありませんでした。そうしたなかでどうにか都市林業の取り組みを進めようとして、それこそＤＩＹをしている人が導入できる程度の機械や道具をまず買って、工事現場で拾ってきた丸太をどうにか自分で木材にできないものかと試みました。いつも製材所に持っていくのは経済的な負担が大きく、おいそれとできることではなかったのです。

決して有利な状況ではありませんでしたが、いまになって振り返るとそれはそれで良かったのだと思います。おかげでたくさん、木とコミュニケーションができました。本書でも後に紹介しますが、製材ワークショップという都市林業の定番になっているイベントで使う、大鋸《おが》（昔の製材用の大きなノコギリ）という昔の道具があるのですが、これを使いはじめたのも、自分でなんとか製材したいという思いからでした。最初はネットオークションに骨董品として出品されているものを入手して使ってみたのですが、まったく切れませんでした。自分なりに目立てをしてみたり、そのうちに引退した鋸鍛冶の方を見つけて教えを請うたり。こんなものを買っても無駄になるかも、こんなことをしていても一円にもならないだろう、と頭の片隅では思っていましたが、とりあえず手を出してやってみたからこそ、製材ワークショップという定番イベントが誕生し、たくさんの現場でたくさんの人と一緒に木材をつくることができました。チェンソーもそう。大工道具や木工機械には抵抗がなかったにもかかわらず、なぜかチェンソーは自分の領分ではないという強い意識があって、手を出したら負けくらいに思っていたのです。ですが一本、子ども騙しのような小さな電動チェンソーを譲ってもらったのをきっかけに、そこからはどんどんエスカレートして、できることが広がっていきました。

大鋸の仕込みと目立てを習う筆者。すでに廃業しているが、会津で鋸鍛冶を営んでいた方が指導してくれた。

特大チェンソーによる現場製材。空師（そらし）の方に貸していただいたのがきっかけで、その悪魔的なパワーに魅了されてその後自分で購入。力まず静かに、細工用のノコギリを使うくらいの気持ちで使うと、フリーハンドでも真っ直ぐ切れる。

立派な木工機械やすごい製材機があるところも知っていましたし、そういうところに仕事を依頼することもありました。自分でそういう道具を使ってもいた。ですが街中の自分の場所にそれはない。だからできないと諦めず、ないならないなりにこの環境でどうにかしようと試みて、そのうちに、乗用車にさまざまな道具を積んで出掛ければ、どんな大きな木でも木材にして活用できるようになりました。そのことが、やはり木を木材にする設備なんてなにもない、公園や学校の校庭といったプロジェクトの現場で、木を活用することに地域の人たちが参画できるプログラムをつくってみようという発想にもつながりましたし、実施する際にも大きな力になったのです。

○○がないからできない、で終わらせず、とりあえずなんでも良いので道具を買ってもがいていれば、なにかしら得るものはありますし、親切に教えてくれる人もいるものです。私にもたくさんの人が教えてくれました。一緒にもがいたり、協力したりしてくれる得難い仲間もできて、本当に楽しかったし、助けられもした。そうやって実際に木と触れ、鉄（工具）と触れ、五感を駆使して取り組んでい

近所でアパートが取り壊されていると聞き、行って見ると庭の木々（カキノキなど）はすでにトラックの荷台に。自分で運び出すなら差し上げますよとのことで丸太を引っ張り出す。休日だった友人が助けに来てくれた。

団地の伐採現場からの丸太回収。昔の山仕事を教えてくれる木こりさんに助けられ、クレーンなしで丸太を積み込み。樹種は、クリ、カキ、サクラ、ケヤキ。

くなかで、木とは、鉄とは、ものづくりとはこういうものだ、という活きた知見や感覚も備わっていく。

そういえば少し前にちょっとした講座を開いた時に、公園の木を活用するために、普通のノコギリで地道に切って木材にしようと試みているという人が来たことがありました。その人は公園の指定管理の業務に従事する人でしたが、「そんな小さなノコギリで丸太が切れるわけがない」とその方自身もうっすら思いながらやっていたことでしょう。たしかにうまいやり方とは言えないけれど、大事なのはそういう向かい方だと思うのです。能書きを言って助成金でももらう算段をして、人の金で人に動いてもらって手柄を上げようとする人よりも私は好きだし、実際に見込みがあると思います。

なんであれできることをして、木を活かして誰かを喜ばせることを試みる。そうしていれば、きっと進んでいけると思うのです。必ずしも大きな丸太を木材にしなくても良いだろうと思います。剪定をして出る枝葉を活かして草木染めもできるし、クリスマスリースや正月飾りなどをつくってみてもいい。樹皮を活かしてカゴ編みや、料理ができれば木の恵みを食に活かすことを考えたっていい。

木工的なことをしたければ、はじめの一歩としておすすめなのは、木のスプーンづくりです（木のスプーンづくりについても動画で発信しています。277ページ参照）。ハードルの高い製材をしなくても、ちょっとした枝からでもつくることが可能です。必要な道具は丸ノミもしくは彫刻刀の丸刀、小刀か

はじめて公園でイベントを開催できた時の看板。自治体に木の活用を提案すると、いつも「どこかでやっているところがあるのですか?」と聞かれるので小さなことから前例をつくっていった。公園の指定管理者と公園で伐採されたイチョウを活かし、公園の行事に合わせてボランティアでイベントを行った。

ナイフ、それにサンドペーパー。全部質の良いもので揃えても数千円程度。私も都市林業の取り組みをはじめた最初の頃、色とりどりの街の木でオリジナルのスプーンをつくれるイベントをたくさん開催し、とても喜ばれました。それなりにうまくつくれるようになれば、自分で使うのはもちろん、贈り物にもとてもいい。私は祖母にプレゼントして、意外なほど喜んでもらえて驚いたことがありました。金属のものよりも冷たくなくて、口当たりが優しくてもう手放せないと言うのです。

　都市林業のヴィジョンがどうだとか、能書きを発信するだけでなく、実際に目の前で喜んでもらえるとものすごく勇気が湧いてきて、もっと頑張ろうとか道具を増やそうという気持ちも加速します。なんでもありでやってきた都市林業の取り組みで唯一こだわってきたのは、そういうシンプルな手応えを大事にすることでした。都市林業を成立させるのに、地球環境がどうだとか二酸化炭素がどうだとか、そんな大それた話は必要ありません。自分ができることをして、まずは一人、誰かに喜んでもらえれば、そこからどんどん楽しくなって、取り組みは加速し、できることも広がっていくことと思います。

## 第三章

# 緑でいっぱいの素敵な街、の舞台裏

## 都市林業を成立させる手がかりは、街の課題のなかにある

理想の街を絵にしてみようと言われると、大抵の人がたくさんの木がある絵を描きます。たしかに木というものは、建物や道路に次いで欠かせないと思うくらいに、街の重要な要素です。都市開発の魅力をアピールする完成予想図には、いつも緑がいっぱい。建物や舗装されたスペースよりも、ポジティブな印象になりやすい要素でもあります。都市計画を専攻する学生の研究発表に出席したことがありますが、どの学生も緑でいっぱいの街の絵を見せながらの発表でした。

私たちの社会では、緑でいっぱいの素敵な街という、ぼんやりとした理想が共有されている。

私も物心がついてから長い間、素朴に、街に緑を増やそうと思ってきました。小さい頃の思い出ですが、父が運転する車に乗りながら、ポケットにためていたドングリやオシロイバナの種を投げていたことがありました。環状八号線という大気汚染の出所と言われた道路があったので、その中央分離帯を緑化したかった。大人になってからも、街に緑を増やしたいと思っていましたし、マンションで暮らしていた時もベランダではたくさんの植物を育てていた。大きな木はとりわけ大切にしなければと思っていました。鮮明に思い出すのは、真夏の凄まじい暑さのなかを歩いていてふと涼しい空気を

感じて見上げた大木の、高いところのそのまた高いところまで茂った枝葉の、分厚い層のなかで冷やされた空気のシンとした涼感。これほどの大木になるのにどれだけの時間がかかっていることか。こんな大きな木を伐ってしまうなんてとんでもないと、ずっと思っていたのです。

そんな私が、街で伐られた木を木材にしてみようと思いつき、もう一歩、街の木の世界に踏み込むことになりました。木が伐られる現場では、その木と一緒に暮らしてきた人の話を聴くことができました。個人邸だけでなく、企業や学校、商業施設、公園や街路樹などの木にも関わっていくなかで、たくさんの当事者に話を聴きました。そうして確信したのは、緑でいっぱいの素敵な街というぼんやりとした理想があって、街に緑を増やすべきというムードがある一方で、実際に大木を所有するなど木と深く関わった人の多くが、木を育てる甲斐がないことに気づきはじめているということでした。

## 維持管理という深刻な課題

私が街の木の取り組みを開始して、仕事として最初に関われた大きな木は、住宅地の広い庭にある大きなサクラの木でした。そのサクラは娘が生まれた記念として、およそ五〇年前に植えたものとのことでした。現在、娘とその家族は別のところに住んでいて、この家で生活しているのは高齢の両親だけ。両親曰く、サクラをずっと大切にしてきたけれど、だんだんと歳をとってきて落ち葉の掃除が大変になってきた。隣近所まで「ご迷惑をおかけします」と謝りながら掃除をしてきたが、それもしんどくなってきた。落ち葉で詰まる雨樋の掃除も自分たちではもうできない。それにどうやら木の根元のほうが傷んでいるようで、風が強い日に幹が揺れているのを見ると倒れてしまわないかと不安になる。もう伐採するしかないと考えていたところで私のことを知り、相談したとのことでした。

結局、サクラの木は伐採となり、木材として活かせる部分で小さなテーブルと家族全員分のお皿を製作しましたが、サクラの根元は予想通り、ほとんど腐れ果てた状態でした。主たる幹の上のほうの三分の一ほどがかろうじて木材として活用できたわけですが、もし伐採しなければ、この先も腐れはどんどん進んで、木材として活用できる部分は年々少なくなっていき、最悪の場合は倒木となっていたと思われます。

私が関わった個人の方で最もすごい事例は、元農家の方の遺産相続に係る案件です。そのお宅では、数百坪の敷地が密林のようになっていました。現場を見に行くと、人口密度の高い住宅地のなかにぽっかりと、濃密で巨大な緑の固まりがありました。木や草がすべてをのみ込む勢いで、道路から敷地の奥の母屋までの通り道だけがかろうじて確保されていた。敷地の木々は亡くなられた先代が中心となって手入れをしていたそうですが、晩年、作業ができなくなっていくなかで、たくさんの木々が放置され、広い敷地で野放図に育っていったのです。庭木として植えられていた木々はもちろん、鳥や風に運ばれた種から育った木々も大木化して、草も生え、蔦も絡み、緑の壁に分け入ってなかを確認することとさえ容易ではありませんでした。

その敷地を整備していく過程で、密林のようであったなかにどんな樹種が植えられていたのか、往時の庭の姿も見えてきました。果樹などの暮らしに利用できる木や、庭木として鑑賞価値が高いとされる樹種もたくさんありました。大きな庭石も池もパーゴラ（庭や軒先などに設置する格子状の棚）も、すべてが緑にのみ込まれていた。作業を進めていくと次々と違う樹種が出てきたり、藪の奥から当初は見えていなかった大木が何本も現れたり、まさに密林を探検するが如くで、驚きや発見がたくさんありました。そのお宅でのエピソードには枚挙にいとまがないほどですが、ここでお伝えしたいのは、とにかく木は大変ということです。現在は整備を終えて快適な状態になっていますが、そこまで持っていくのに大きな費用がかかったことは言うまでもありません。

ちなみに、こちらの敷地にあった木々の多くは木材にして活用しました。大木ではクスノキ（大きいけれども曲がりや枝分かれが多いクセのある原木）、アラカシ（太くて真っ直ぐで腐れもなく、とても良い原木でした）、スダジイ、シラカシ、ヒマラヤスギ、サンゴジュ（サンゴジュとしては私が出合ったなかで最大級の大木ですがひどいねじれ）、ビワ（同じく最大級の大きさで、メチャクチャにねじれた古木。埋められた防空壕の上に二本が対で立ち、空襲で焼けたことがある。実がたくさん落ちて芽が出ていたので、苗木にしてあちこちに配り、そのうち一本はいま私が建てている総街の木造りの建築の庭に植えました）、ケヤキ、ムクノキ、イトヒバ、ニオイヒバ、イヌマキ、中小木ではウメ、ナツミカン、カキ、ザクロ、クワ、モッコク、ツバキ、イロハモミジ、フジ（大鋸の持ち手にしました）、ヌルデ、クサギ（こんなに大きいヌルデやクサギははじめてでした。大きな鏡のフレームにしました）などがありました。最終的にこちらのご家族で使う家具なども少し製作しましたが、元々は自分たち用の木材や木工品がほしいのではなく、どうせならば活用してくれる人に伐採をお願いしたいとのご依頼でした。それ以外の木材は、たとえば第四章の事例紹介で取り上げるカフェ（湘南リトルツリー）でたくさん活躍してくれました。こちらの件をはじめに相談してくださったのはこの家の息子さんですが、彼はリトルツリーにも来てくれましたし、彼と一緒に私が呼びかけて集まってくれた人たちも交えて、伐採工事中の敷地で樹木観察会をしたり、芽を出していた小さな幼木をたくさん救出して苗木をつくったりしたのも良い思い出です。彼の家の木が使われたリトルツリーを運営する進和学園（障がい者支援の福祉法人）では、障がいのある人の仕事として苗木づくりをしていましたので、そちらの苗木を植え込んだ植栽ユニットをつくって、改修を終えて綺麗になったお庭に設置しました。「もう木はこりごり！」とのことで、できるだけ手入れが少なくて済むお庭にし、管理しやすいユニットの形で木を楽しむことにしたのです。

さて、話を戻しますが、木は植えれば植えるほど、育てば育つほど、維持管理に手間やコストがかかります。個人の場合だけでなく、企業や自治体の場合も同じです。街路樹や公園の木々、学校や施設に付随する緑地の管理にはばかにならない費用が発生し、自治体の財政を圧迫しています。保存樹木に指定された木にはいくらか補助がありますが、とても十分とは言えず、維持管理費用のほとんどは持ち主が負担しなければなりません。

敷地の木を伐り、草が生えないようシートを敷いたりコンクリートで覆ったりする人は、自然を愛

藪の奥から現れたクスノキの大木。後に、第四章の事例紹介で取り上げた「湘南リトルツリー」のテーブルになった。

クスノキの大木。形が悪く大きすぎる丸太は製材できる製材所が限られるため、巨大なチェンソーを使い現場で製材。

曲がりをできるだけそのまま組み合わせた「湘南リトルツリー」の主役とも言えるテーブル。障がいのある方々の個性を活かす、進和学園の取り組みを象徴するものに。

する感性のない俗物と見られることもありますが、実際のところ、緑を増やそうと能天気に言っている人よりも、はるかに木に対する経験値が高い人なのかもしれません。木や草の面倒を散々見てきて、その挙句にコンクリートで舗装するのです。私に昔ながらの山仕事を教えてくれる、里山の地主で木こりでもある方が、ある時、敷地にあった立派なヤマザクラを伐ると言い出したことがありました。木材として活かす話があったわけでもないのにです。私は驚き、なぜ伐るのですかと問いました。答えは簡単で、これ以上大きくなると自分で始末できなくなる。この木の少し下には建物があって、もし倒れたりしたらその建物の被害は免れない。自分がいなくなった後、ここを使う人が困らないようにしておきたいと。サクラは伐られ、その丸太を私は木材にして、跡にはまた別の木が育ちつつあります。

ここですべてのエピソードを紹介することはできませんが、これまでにたくさんのお庭の木々の伐採を依頼されてきました。とても大きな木がある場合も、それほどでもない木がたくさんある場合もありました。その木でなにかをつくってほしいということもあれば、特につくってほしいものはないので、どこかで活かせることがあれば活かしてほしいという場合もありました。どの現場でも、木の持ち主からたくさんの思い出話を聞くことができました。会社の創業時からあった木で、大事にしてきたけれども事情があって仕方なく、ということもありました。

街の木の取り組みを始めて以来、私はたくさんの木々の最後に立ち会い、その木と共に暮らしてきた人たちから話を聴きました。木は木を大切にしない人のもとで伐られるのではありません。むしろその逆で、伐採を決断したその人こそが、その木を最も愛し、手をかけてきた人であることが多くありました。街で大きな木やたくさんの木を維持し続けるのは、簡単なことではありません。木を伐ることを決めた人だって、緑でいっぱいの素敵な街、という理想は共有しています。誰かが面倒を見てくれるのならば、木と共に暮らし続けたい。木を伐ることを決めた人もまた、できることならば木と共にあり続けたいと思いながらも、仕方なく伐採を決断していたのです。

個人邸での製材ワークショップ。木と共に長く暮らしてきた家屋も取り壊さなければならない事情があり、喪失感を覚えてしまうであろう両親の心情を慮って息子が企画。最初は戸惑っていた両親でしたが、すぐに参戦。樹皮を剥き大鋸を挽き、いつか活かせる木材を確保しました。

## こんなにあった危険木

街の木を木材にしてみようという試みのなかで、たくさんの現場からさまざまな樹種の木を運び出し、製材することを続けてきました。製材するということは、普段は見えない木の内側を見るということです。そうして見えてきたのは、あまりにもひどい街の木の実情でした。私も当初は、木を外から見てその木が危ない（内部が腐っている）かどうか判断することができませんでした。そのため、伐採された木を木材にするために運搬し、製材をして、多額の費用をかけたにもかかわらず、かなりの部分が腐っていて思うように木材を得られなかったという失敗をしたものでした。こういうことが続いてはたまらないので、できるだけ外観から内部を予測できるようになろうと、自分なりに訓練しました。木を注意深く見て、製材をして答え合わせをする。できる限り自分で製材したり、製材所に頼む場合でも一緒に作業して、とにかく木に触れ、木屑に塗れる日々でした。そうしたなかで感覚が養われ、次第に予測は外れないようになっていきました。

そうして木を見られるようになればなるほど、まともな状態の木が少ないこと、とりわけ大木ではまともであるほうが稀であることが明白になっていきました。木が傷むに違いないとわかっているにもかかわらず、頻繁に行われているのが強剪定です。それは文字通り強く剪定することです。街路樹をはじめとした街のほとんどの大木が、強剪定の洗礼を受けています。太い枝が切られたところから腐朽が入ったり、樹木全体として弱って病害虫の被害も受けやすくなり、根元からの腐れにもつながります。切り口に薬剤を塗るか塗らないかなどというのは、人間で言えば腕を落としたところに消毒液をかけるかかけないかの違いにすぎないというようなこと。樹勢が弱った木を回復させるために最も有効なことは、薬をあげることでも肥料をあげることでもなく、もう剪定をしないことです。たくさんの葉っぱから栄養を得ることです。しかしそもそもからして、木の大きさを小さくしたくて強剪定をしているわけなので、また枝葉を伸ばせば切って小さくするしかないわけです。強剪定をされて枝葉を失い弱った木が、再び栄養を得て復活するために、体内に残っていたエネルギーを使ってなんとか出したのが新しい枝葉です。それをまた切ってしまったら、回復できるはずがありません。ふんだんな予算があって、庭師が頻繁に入って手入れをする庭や盆栽のように、少しずつ切ることで木を大きくせずかつ傷めない、そういう管理が理想でしょうが、街路樹であれ公園の木であれ、限られた予算のなかで膨大な数の木の手入れをせざるを得ないのが実情です。よくないこととわかった上で、強剪定が繰り返されているのです。

大きな木の移植も、伐採反対の運動が起こったり起こりそうな現場ではよく行われていることですが、これも危険木を生むことにつながりがちな行為です。移植がうまくいくことももちろんありますが、問題はその後の管理にもあるわけです。私が見てきた現場でも、伐採反対の運動によって急遽、伐採予定であった大木が移植されたことがありました。誰が大丈夫と太鼓判を押しているのか、無茶なことをするものだと思いました。また別の現場では、時間をかけて根回しをして慎重に移植が行われたケースもありました。しかしその木は、大きなケヤキでしたが、なんと別の大きなケヤキのすぐ隣に植え替えられたのです。元からあったケヤキともども、お互いにぶつかってしまう太い枝を強剪定されて明らかに元気がない様子。それからおよそ半年経って、移植されたケヤキは枯れました。ちなみに、かかった費用は数百万円。今後また伐採と処分の費用が発生します。移植は絶対ダメではないものの、根を切り、枝を切って移植するのですから、強剪定をした木と同様に必ず弱ります。移植した先で必要なのは、無理な剪定をせずに樹勢を充実させてやることです。にもかかわらず、認識が不十分なのか、経緯や業務の引き継ぎが悪いせいなのか、ほかの大きい木同様に剪定が繰り返されてしまうことも多いのです。

## 庭の保存樹木が倒れ向かいの家の車を潰してしまった

二〇二一年、私がいつも車で走っている甲州街道で、街路樹の大きなケヤキが倒れる事故がありました。また、私が以前関わった現場でも、巨大なケヤキが倒れたところからはじまった話がありました。密集した住宅地で、保存樹木のケヤキがあるお宅でのことでした。その家の方は、毎年、地元の造園業者に手入れを依頼していましたが、ある日突然そのケヤキが倒れてしまったと言うのです。倒れたケヤキに車を潰された向かいの家の方が、私の別件でのお客様で、私にはその方から連絡がありました。紹介されて現場に伺うと、ケヤキは根元がすっかり腐ってグズグズの状態で倒れていました。庭は斜面でしたがまあまあな広さがあって、倒れたケヤキ以外にもう一本、横に大きなケヤキが立っていました。そしてやはり、強剪定をされていました。被害がほとんど車だけで、向かいの家の方との関係も良好であったため、現場に深刻な雰囲気はありませんでしたが、一歩間違えば大事故になっていた可能性があるのは言うまでもありません。七〇代半ばであったその家の方は、趣味で木工をする方で、このケヤキで孫に机をつくってあげたいとのことでした。私のほうで木材にできそうな部分を引き取って製材してみると、大きな釘が何本も出て製材機の刃が破損してしまいました。製材では難儀しましたが面白かったのはそこからで、そのことを報告して釘が入った材を見せると、「あぁこれは、オヤジが昔打ったやつだ！」と言うのです。自分たちが小さい頃、周りにはまだそれほど家がなかったけれどもケヤキはあって、父親がツリーハウスをつくるみたいに二本のケヤキの間に横木を渡し、眺めの良いテラスをつくって、そこで自分たちは遊んでいたのだと。その家から向こうのほうまで緩やかな斜面になっていて、とても見晴らしが良かったそうです。木と関わっていると、木をきっかけに昔の思い出が次々と湧き出してくることがよくあります。聴いている私の頭のなかにもその光景がありありと浮かびます。こういう時、なぜだかいつも不思議なほど鮮明にイメージが伝わってくるのです。釘はたしかに、木の表面ではなく随分内側のところにありました。昔々に打たれたものがいま出てきて、その材でお孫さんの机がつくられる。三世代にわたる物語。なんだかとても面白く思えて、私にも一枚、釘入りの板をくださいとお願いし、それをいまでも大事に保管しています。

## ソメイヨシノの寿命は短い、は本当か

ソメイヨシノも危険木だらけです。私がこれまでに関わったソメイヨシノは、幼稚園の園庭を覆う大木であったり、学校の校庭を囲むたくさんのサクラであったり、個人のお庭のサクラであったり街路樹であったりしましたが、幹のなかがすっかり腐って、強度を保っているのは周縁部の数センチというものがたくさんありました。ソメイヨシノの樹齢は短いと聞いたことがありますが、私はそんなことはないのだろうと思っています。実際に、樹齢七〇年を超えるソメイヨシノの大木を持ち主の依頼で伐採し、木材として活用したことが何度かあります。それらの木は健康な状態を保っていて、まだまだ何十年でも大丈夫そうでした。三〇年で倒木寸前のソメイヨシノとなにが違うのか。違いは、道路や隣家にはみ出すことが問題になる敷地のヘリではなく、十分に枝葉を広げられる場所に植えられていたことです。七〇年経っても健康なソメイヨシノは、ほぼ強剪定をされていませんでした。そんな立派なソメイヨシノが伐られるに至った事情は、施設の建て替えであったり、本来は広かった敷

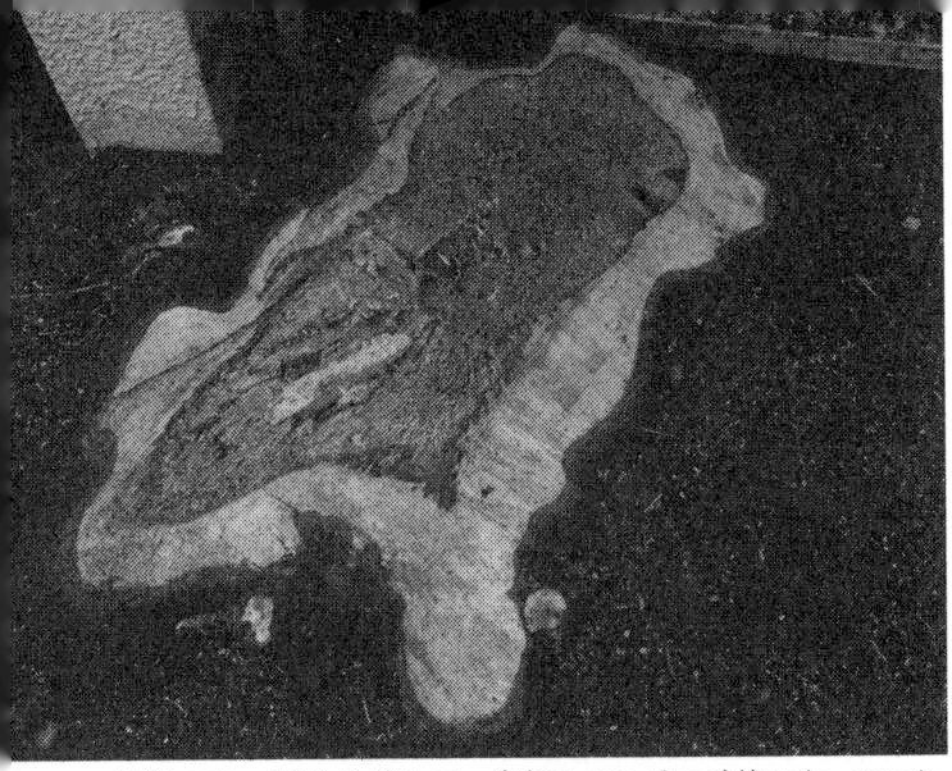
外側の白い部分を残して、腐朽してスポンジ状になっていた保育園のソメイヨシノ。

地が遺産相続で分割されて、木のすぐ脇に家が建つ計画になったことであったりしましたが、そうしたサクラを伐らずに残す選択も、当然あったと思います。ただ、たとえば隣に家が建つことで、そちら側にはみ出す太い枝を落とさざるを得なかったり、塀を建てるために地中の根を傷つけてしまったりするようでは、やはり急激に弱ってダメになっていったと思います。そしてその段階になってから木材にしようとしても腐れが進行してしまってもう無理です。ソメイヨシノ（に限ったことではありませんが）は、強剪定をし続けたり移植したりしなければ残せない（移植後も強剪定され続ける）のであれば、伐採を第一の選択肢として検討すべきだと思います。どうしても残すのであれば、倒木や幹折れがあっても人が傷つかないで済むように、なんらかの対策をしておかなければいけないと思います。ワイヤーで磔にされている木も街にはありますが、なにか痛々しく感じてしまいます。そしてそうまでしても、大きな地震や台風や積雪などがあった時、その木がどのようなことになるのかを保証できる人はいないのです。

街には危険木がとても多いこと、なぜそうなるのかを説明してきましたが、ここで押さえておいていただきたいのは、街で木を所有する人は、倒木や枝の落下など、自覚しているいないにかかわらず、事故のリスクを引き受けているのだということです。

## 伐採への反対運動

街の木がニュースで話題になるのは、倒木で被害が出た時か、たくさんの木が伐られるので反対の声が上がっているといった時がほとんどです。せっかく植えて育ててきて、これほど甲斐のない話はありません。たくさんの木が伐られると聞き、居ても立っても居られない気持ちになるのは自然なことと思います。「伐採反対」と声を上げたくなる気持ちは理解できますが、木の所有者や管理者にも相応の事情と経緯があるものです。私が出会った木の持ち主のほとんどは伐採の決定者であると同時

公園で倒れたソメイヨシノの大木。

世田谷区役所のケヤキ。
樹皮の下、数センチを残してウロになっていた。

に、その木のために最も時間とお金を使い、大切にしてきた人でもありました。これは個人の場合だけでなく企業や自治体の場合でもそういうことはあり、話をしてみると、企業の土地であってもそこにそれだけの緑があるに至る歴史があったり、その歴史の折々に記念植樹された木もあったり、想いを持った人がいることも多いのです。そしてそういうことがあってもなくても、どうであろうと、対立的な構図が望ましくないのは明らかです。木がきっかけとなって対立が起こったり、誰かに責められる立場になってしまったりしたら、そんな経験を経て誰がいったいその後も、たくさんの木を植えよう、大きく育てようと思うでしょうか。それは公共の場にある木々の場合にもそうで、たまたま担当になった行政職員たちも同じです。なぜ自分たちはテーブルのこちら側に座って、向こう側の人たちに責められなければならないのだろうと。こうして街で大きな木を育てることが面倒の種になってしまうと学んだ彼らは、その後どう緑に関わることになるでしょうか。

せっかく育てた木々が対立の起点になるのでは、本当に甲斐がないと思います。木を育ててきた人や企業や自治体が受け取る結果として、理不尽すぎるのです。木の持ち主は木をいっぱい育てて、それが立派であればあるほど、いままでありがとうと感謝されることもなく悪者にされ、土地の活用がしづらくなってしまう。それでもどうにかするために説明会や移植に予算を割いたり、「このベンチはこの場所にあった木々でつくりました」といった説明書をつけた割高な家具をつくって、伐採の言い訳をしなければならなくなってしまう。こんなつまらない物語は過去のものにして、もっとポジティブでワクワクする物語をつくることこそが求められていると思うのです。

## 街の木のあり方を問い直す

維持費、事故リスク、反対運動。現状の街の木には、植えれば植えるほど、大きく育てれば育てるほど、持ち主の負担やリスクが増す「負債」のような性格がありました。緑でいっぱいの素敵な街というぼんやりとした理想があり、緑をもっと増やそうという雰囲気が依然としてある一方で、実際に木を所有したり木と関わった当事者たちは、木を育てる甲斐がないことに気づきはじめている。街の木のあり方がもしいまのままならば、いくら木を植えても維持できる量は限られてしまうでしょう。私たちは街の木を負担を生む「負債」から、持てば持つほど街と暮らしを豊かにしてくれる「資産」へと、変えていく必要があるのです。実際に木を植えて育てた個人や企業や自治体が、木を育てた甲斐があった、また植えよう、育てようと、心の底から感じられる仕組みこそ求められているのです。

私たちは「緑は大切」と言う一方で、いつも見ている木や草の名前すら知らないことが多いものです。身近な木々がどんな性質か、花はどんなか、実はどんなか、ましてやなにに使えるのかなんて知りもしない。いまそうであるように、木に触れられる機会が少ないままならば、街の木は「負債」であることを免れないでしょう。お花見でも果実の収穫でも虫採りでもなんでもいい、その木をきっかけに人が集まり、楽しめるようにすることです。木がくれる恵みを活かしてみることです。触れて親しみ、楽しめてこそ、街の木の「資産」としての有り様が見えてきます。

都市林業では、毎年の剪定で出る枝葉でもドングリでも果実でも、利用して楽しめそうなことはなんでもしてみます。伐採された木は木材にして、暮らしの道具や家具をつくります。つくっては壊しての繰り返しで、継続しなかった街並みのなかに、人々の想いが詰まった木々を集めて、建物をつくります。伐採した木々の種から苗木を育て、次世代の都市の森を育みます。祖父祖母が植え、父母が育ててくれた木で街をつくり、自分や子どもたちが植える木で街をつくっていくのです。木をきっかけに世代を超えて受け継がれる街並みと、木をきっかけに人が出会って、楽しみ、学び、汗を流して、一緒に取り組む光景が、当たり前にある街をつくりたいのです。

次章では、街の木を負債から資産へ、木があって良かった！を最大化しようと取り組んだ、いくつかの事例を紹介します。どの事例でも伐採木を活かして木工品をつくっていますが、その範囲を超えた価値を生み出す提案をして、街の木を取り巻く課題を乗り越える事例をつくろうと、クライアントと共に挑戦したものです。

# 街の木を食に活かす収穫祭

街の木を「負債」から「資産」へ。木があって良かった！と思えることを増やしていこう、ということではじめたイベントの一つが「収穫祭」でした。街の木、街の自然の恵みに「食」の側面から注目し、楽しもうというイベントです。お庭など街の緑地で得られる木の実やドングリ、ハーブなど、とにかく利用できるものを収穫して持ち寄って、みんなで料理します。料理を盛りつける器や料理台、会場の装飾などにも街の木の恵みをフル活用。準備チームのメンバーで、事前にいろいろと企画やメニューを考案、試作するなど準備をしますが、イベント参加者が当日持ってきてくれる食材にも期待して開催を迎えます。みんなで料理の下準備や会場づくりを行い、街の木の恵みを思う存分楽しめる収穫祭パーティがはじまります。

こうしたイベントは、最初は任意団体で、後に一般社団法人となった「街の木ものづくりネットワーク」、通称「マチモノ」主催で行ってきました。非営利団体であるマチモノの目的は、仕事として木に関わる人だけでなく、あらゆる人に活動に参加してもらい、街の木の魅力や楽しさを多くの人と共有すること。街の木にはさまざまな課題がありますが、それをただ知ってください、学びましょうではつまらない。木に関わって楽しめることを考えて、活動に関わる自分たち自身も夢中で楽しむ。そうすることで、自ずから木への理解や街の課題解決にもつながっていくだろうというスタンスです。街の木の恵みを活かす収穫祭もそうした思いのなかではじめたイベントで、自分たちが暮らす街にある驚くほど豊かな自然の恵みを、誰もが発見し一緒に楽しむことができるものです。

収穫祭には毎回、多彩な食材が集まります。樹木由来のものはもちろん、街にある野草や山菜ももちろん活かします。どうしてそんなものがあるの？ というくらい珍しいものが出てきたりするのも、あらゆる植物が植えられる街ならでは。最近は少なくなってきましたが、かつては少し古いお家の庭には、カキの木やウメの木がよくありました。ナツミカンなどの柑橘類、カリンなどもよく植えられていました。私がよくいくスーパーマーケットの自転車置き場にはナツメの木がありますし、通っていた中学校の裏、暗渠の上につくられた遊歩道には大きなクルミの木があります。お庭でたくさん実をつけていても利用しきれなかったりしていたものが、収穫祭ではみんなに喜ばれるスターになります。

私が木工をして出たサクラやナラ、カシなどの木屑は、燻製用のチップになります。サクラは優しくマイルドな香りで、どんな食材にも合う万能チップ。木屑の匂いを嗅ぐと、ちょっと酸っぱい感じ

## menu

*生ハム柿　生ハムメロンより美味しいと噂の生ハム柿を原木生ハムで

*秋香塩（柿の葉、柚子使用）でいただく銀杏

*マテバシイのポタージュ、トリュフのせ

*鶏の柿ソース、マッシュドングリを添えて

*ほくほくした柿のフリット

*柿の天然酵母パン

*マテバシイのモンブラン、トライフル仕立て

*3種のドングリのフロランタン
（マテバシイ、スダジイ、シリブカガシ）

*マテバシイのスノーボール

*現代版ドングリクッキー

*街の木のハーブを使ったグリューヴァイン

*自家製果実酒とオリジナルカクテル
カヤの実酒、ザクロ酒、金木犀酒のカクテル
カヤの実酒とサンシュユ酒のカクテル

*ドングリコーヒー

*街の木のハーブティー

収穫祭第1回のメニュー。

の香りがするナラ、カシ類（ドングリの木）は魚との相性が抜群です。燻製ではありませんが、乾燥させていない製材したての板（私たちはソメイヨシノを使用して香りづけ）の上に直接お肉をのせて、下から火で炙るプランクバーベキューという方法もあります。

収穫祭に向けて果実酒を仕込み、オリジナルカクテルをつくることにも夢中になりました。収穫祭が近づくと、毎晩試作をして、何種類かの街の木らしい特徴があるものを用意しようと試みました。特におすすめするのはキンモクセイのフレッシュな花を摘んでシロップ漬けにしておき、これをドリンクに活かすこと。何ヶ月も漬け込んで出る香りはキンモクセイというよりも、パルフェタムールというスミレのリキュールにそっくりですが、これをひと匙混ぜると、かわいらしい小さな花が舞うドリンクのできあがり。透明な炭酸入りジュースとまぜれば、子ども用のウェルカムドリンクにもぴったりです。また、少し難しさがありますが、カヤの実をウォッカに漬けるのもおすすめです。難しさがあるというのは、カヤの木が珍しいのと、ちょうど良い熟れ具合の実を手に入れるのが難しいことが一つ。その上でカヤの実は、少しえぐみのある香りがする緑色の果肉ごとウォッカに漬けますが、漬けてからしょっちゅう確認しないとえぐみが出すぎて飲めたものではなくなってしまうのです。一日どころか半日もしくは数時間の違いが勝負を分けるというくらいのデリケートさですが、最高のタイミングで実を引き上げられれば、ウォッカは鮮烈な香り漂うジンのようになり、これでつくったマティーニ（通常のレシピは、ジンにベルモットを少しだけ加える）は、マティーニコンテストに出したら優勝してしまうのではないかと思うくらいの素晴らしいものでした。

街には月桂樹（ローリエ）やローズマリーなど、ハーブ類もたくさんあります。いまもまだ少しだけストックがありますが、香りのものでちょっと珍しく大活躍なのはニッケイ（シナモン）でした。ニッケイは樹皮を使うわけですが、このニッケイを手に入れたのには少し面白い経緯がありました。ある時、事務所で仕事をしていたらインターホンが鳴り、出てみると「この木いらない？」と知らない人に言われたのでした。その人は造園屋さんで、玄関先に木を積み上げている私のことを見かけていたので、珍しい木を伐ったからほしいのではないかと思って声をかけてみたと言うのです。とても人力では降ろせない大きな丸太でしたが、クレーンを使って、私の車の駐車スペースのちょっとした隙間に上手に降ろしてくれました。その皮を丁寧に剥いて、綺麗にして乾燥させておいたものが、毎年の収穫祭で大活躍することになったのです。この造園屋さんは、後にまたエンジュの丸太を持ってきてくれましたが（エンジュは木材としてとても美しく、昔の和室の床柱によく使われていた銘木です）、彼のように造園のことだけでなく、木材の世界ではどの木に値打ちがあるのかをある程度知っているのは素晴らしいことだと思います。だから彼は、私や収穫祭に来た人たちを喜ばせることができたわけですし、私も建築や木工だけでなく、木でいろいろと遊んでいることが街の木の資産化につながるという思いがあって、収穫祭なども楽しんでいるのです。

さて、エンジュです。街路樹として植えられていることもあるエンジュには、綺麗な白い花が咲きますが、その花も食べられます。私も当然食べてみました。天ぷらはもちろん、シロップ漬けにしてケーキなどの飾りにも。そういうことをして遊んでみたり、自分は植木屋なので木材のことは関係ない、知らない、ではなくて、違う分野、隣の分野にも興味を持ったり楽しんだり勉強したり、そちらの分野の人と交流したり自分もそちらに芸域を広げたり、そういうことが盛んになったその先に、街の木の「資産」としての有り様が見えてくるのだと思います。マチモノの活動では、ここで紹介している収穫祭もそうですが、木をきっかけに人が集まり、一緒に取り組み、交流するなかでそうしたことが自然とできました。遊んで楽しんでいるうちに、たとえば私の場合でも、木をいじって誰かを喜ばせられる方法が、木工をしたり設計をしたりする以外にもたくさん増えていったのです。

話を戻します。いろいろなものがある街の木の恵みのなかで、なんといっても一番の主役はドングリでした。食べられるドングリがあるというのは知られた話で、もう少し詳しい人だと、シイの実（スダジイのドングリ）が食べられることを知っていたり、子どもの頃に食べたことがある人もよくいます。私も子どもの頃に、近所で拾ってきたスダジイのドングリを父が炒ってくれて、食べたことがありました。収穫祭ではもちろんスダジイも活用しますが、最も活躍するのはマテバシイのドングリです。マテバシイもスダジイも、アク抜きをしないで食べられるのは同じなのですが、マテバシイはスダジイよりもかなり大きいのがまず良いところ。また、マテバシイならではの風味が素晴らしく魅力的なのです。野草や山菜もそうですが、ドングリなども食べてみるのは楽しいけれど、やっぱり普通に売られている野菜って美味しいよね、クリって偉大だよね、となることが多いものです。クリはドングリよりもはるかに大きく剥きやすく甘さも強い。しかしそれでも、マテバシイには魅力がありまず。クリの下位互換ではなく、マテバシイでなければならない理由がある。そのくらいおすすめです。ドングリを試してみようという方は、ぜひマテバシイから試してみてください。

マチモノでは収穫祭に先立って、「ドングリング」と称してドングリを拾い集めます。ドングリはなにしろ皮を剥くのが面倒なので、同じマテバシイでも、できるだけ大きい実がなる個体を求めて探したりもします。そのうちに、どこに大きいドングリがあるかも覚えてきて、苗木を育てるのでも、できるだけ大きいドングリがなるものを育てようとなる。スダジイももちろん拾います。街のドングリで食べられるのは、ほぼこの二種類ですが、我が家の近所にある緑道には、シリブカガシというこのあたりでは珍しいドングリの木が二本あって、この木のドングリもアク抜きなしで食べられます。このドングリの木を増やそうと、ドングリを蒔いて苗木の育成にも取り組んでいて、特別に肥料をやって早く育てと力を尽くしているところです。ほかにも、近くにある広大な緑地を持つ公園の一角に、イチイガシという食べられるドングリの大木があるという記録を見つけ、数年にわたって探し回ったにもかかわらず見つけられず、幻のドングリになっていましたが、なんと先日、ほとんど偶然に見つけることができました。さっそくそのドングリを食べてみましたが、淡白で風味も薄く、あまりありがたみのない味でした。木材としてはカシ類のなかでも通直に育ちやすく、かなり有望と思われるので、苗木をつくるためにこのドングリも蒔きました。現在、私が暮らす地域では滅多に見ることのない木ですが、都市林業における有望樹種になるかもしれません。

なお、ドングリの木で街によくあるコナラやシラカシ、クヌギなどはアクが強くて簡単に食べることはできません。食べるハードルが高いそうしたドングリに挑むのも良いですが、私はそういう木では、木材になりづらい部分の丸太を使ってキノコの菌打ちをしてキノコが生えてくるのを楽しんでいます。シイタケやヒラタケ、あるいはナメコなど、ホームセンターや通販で簡単に購入できて、栽培に成功する確率の高いキノコの駒菌がありますので、ぜひ試してみてください。街で栽培する場合の注意点は乾燥してしまうことで、家を建てたり木材を保管したりするのにとても良いカラッとした土地はキノコ栽培には向きませんので、保湿に気を使わなければなりません。

街の木を「負債」から「資産」へ。そのためにできることはたくさんあります。眺めるだけの緑から活かす緑へ、という意識転換はその第一歩。街路樹や公園の木など、触れないのが普通だと思っていた木々に対する意識が変わるだけでも、状況は大きく変わります。眺めるだけでなく、利用できるとなったらなにかしらトラブルが起こることもあるのでしょうが、そういうことを恐れて、取り合いになるから実がなる木は公園に植えない、などと決めてしまうのは本当につまらないと思います。マナーや節度を守れない人はどこにでもいるでしょう。しかしそうであっても、そうした人に合わせて禁止事項や罰則を設けることには慎重であるべきです。美味しそうな実をたわわにつけているのに採るのは犯罪、落ちて腐るのをただ見るだけ、というのが好ましい公園の姿ではないでしょう。お腹を壊したりアレルギーが出たりすることがないとは言えない。それでも私たちには、自己責任でドングリを食べる権利がある（私の木材置き場にやってきて、まだ樹皮を剥いていない材の樹皮を剥き、タマムシやカミキリムシの幼虫を探して食べてみたがる探究心旺盛な人々もいるけれど、どれだけ勧められてもそれを食べない権利が私には絶対ある）。

公園などの管理者には、緑地が価値を生み出せるよう、木に実がなったり花が咲いたり、あるいはまた剪定や伐採をして出た丸太や枝葉を、地域の人たちが利用できるような工夫を求めたいですし、そういうことをする住民の団体などが活躍することも考えられる。秩序を保って、節度を守って、活かすことができないはずがありません。そうした事例も、近年では少し見られるようになってきましたが、もっともっとあちこちで、木があって良かった！　楽しい！　という瞬間が増えていけばと思います。

※街には食べられる植物がたくさんある一方で、毒のある植物もたくさんあります。誤食に注意するのはもちろん、可食のものであっても食べすぎないほうが良いものもあるでしょうし、人によってはアレルギー反応が出るかもしれません。十分に注意して楽しむようにしてください。

# 第四章　事例紹介

# 都市林業で変わる街づくり

現状の街の木は木材用の原木として好ましいものではなく、それでなにかをつくろうとする場合、素材として不利なことがたくさんある。その上でどうやって、街の木を木材にすることを合理的な行為として成立させるのか。その手がかりはきっと、私たちの街にある課題、街の木が「負債」的側面を持っているという、私たちの街の課題そのものを解決するなかにある。

都市林業は、街の木と街の木を取り巻く仕組みや文化全体を問い直し、変えていく。そのなかで街の木の木材活用も、無理のない形で成立させることを目指していく。都市林業では、無理を無理でなくする力を補助金やボランティアには求めません。それに頼らなければならないのは、無理があることの証左です。あくまでも自立して成立できる形を目指すのです。伐採の反対運動や、環境問題その他の権威づけされた言説をテコにした成立も目指しません。無理のない形というのは、権威づけされた言説とそれに裏づけられた制度やお金に頼らなくても成り立つ形です。もしそれができて、街の木を取り巻く仕組みが変わり、文化が変わり、その結果として私たちの街に、街の木でつくられた空間や建物が次々と誕生したならば、そんな街はきっと明日の世界遺産になれるだろうと思っているのです。明日の世界遺産になるくらい魅力的な街をつくるためには、あくまでも自然な形で成立できなければなりません。そのためには、環境問題も伐採反対運動も持ち出すことなく、もっともっとシンプルに、こういうことになるのであればやって良かった！　お金をかける甲斐があった！投資になった！と多くの人に思ってもらえる事例をつくることを目指すのです。

本章では、そんな想いでどうにかつくった私なりの事例を紹介しながら、そこでの気づきや具体的な手法についてお話ししていきます。

## 事例紹介① さくら花見堂の物語

### サクラがシンボルの小学校

さくら花見堂は東京都世田谷区にある複合施設です。ここでのプロジェクトは、児童数の減少に伴い閉校、取り壊しとなる区立小学校の跡地に、少し遅れて取り壊しとなる地区会館と児童館を移転して、運動場などもある複合施設にリニューアルしようというものでした。

私がこのプロジェクトに関わりはじめたのは、小学校の解体工事を目前に控え、たくさんあったサクラの木も工事の囲いに入ってしまった伐採直前のタイミングでした。その何年も前、閉校の話が持ち上がった当初は、地域の方々の小学校閉校そのものへの反対が強く、相当に揉めていたとのことでした。そうした期間を経て、未来に目を向けて再び大切な場所をつくっていこうという流れができて、いよいよ工事がはじまるその時に、学校のシンボルであったサクラに関してなにかできないかという話が持ち上がり、相談をいただいたのでした。

## 時短樹木診断と事業価値を担保する提案

なにができそうか至急知りたいとのことで、現場に木々を診断しにいきました。先方が知りたいのは、いまある木々が木材にできるのかどうか。できるとしたらどの程度のことができるのか。樹木の診断をしたり、提案をつくったり、そういうことは契約を済ませてから時間をかけてしたいことですが、なかなかそうもいきません。木を活かすことがはじめからプロジェクトに組み込まれていれば良いのですが、そうではないので、往々にして後手を踏むわけです。先方は、工事が日々進んでいる中で、確立された工程表に手を突っ込んで、木を活かす取り組みに手を出すかどうかを、できるだけ早く判断したいと思っている。木々の状態とそこからできることのミニマムとマックス、バリエーション、予算感をいますぐに知りたいと思っているのです。

そうしたニーズに応えるためには、外観で木の状態を診断する能力が役立ちます。木を活用する可能性を検討したい人がいたときに、一本一本、木に機械を繋いで調査したりしなければならないのでは、それだけで大きな費用と時間が取られてしまいます。樹木の調査にあたっては、樹木医が活躍することも多いでしょうが、そもそもそうした調査にかける予算自体がないというケースもよくあります。見ればわかるというのはとても役に立つ能力です。当事者たちの検討を先に進めることができ、調査にかかるはずの予算も、ものづくりやイベント等に充てられる。伐採対象樹木が膨大にある現場でも、そこの木々でどの程度のことができそうか、予算に応じてどの木を活用するのが最適か、半日か一日もあれば大体のことを把握できて提案できる。そんなことはあなたにしかできないなどと、なにか超能力のように言ってくれる人もいますが、林業をしている人でも、樹木医や庭師でも、意識的に木を見てきた人であれば、できる人はたくさんいると思います。その上でより重要なことは、カバーしている領域が広いことではないかと思っています。伐採から製材、乾燥、デザイン、設計から製作まで、木でものをつくることに精通していて、小物雑貨から家具、建築までわかること。膨大にある樹種のほぼすべてについて適材適所がわかること（実際の活用を経験している）、木材以外の食べたり染めたり燃やしたりといった活用もしてきていて、木を育てたり植えたりはもちろん広場や緑地についての知見もあり、そうしたすべてのことにからめて、小さな子どもでも参加できるプログラムをつくることができるといった、普通は業種が分かれるような分野のことを単独でもできて、その総合の中から提案を組み立てて実施できるということです。

さて、木を診ることにそれなりの自信をもって現場に臨み、それでも参ってしまったのが、この現場で活用するサクラ（ソメイヨシノ）を選ぶことでした。どの木も強剪定が繰り返されていて、とても状態が悪いのです。どうにかこれに賭けてみようと思えるものを選びましたが、その木にもまずい兆候がいろいろとありました。しかしどうもなにか、まだ主たる幹には力があるような感じがしたのです。人で言えば顔色にハリがあるという感じ。

結果的に予想は的中し、この木からまとまった材を得ることができたのですが、伐ってみる前の提案段階では、必ず大丈夫とは言えません。先述した通り、時間と予算をかけた調査はできていないのです。実際に木の活用にゴーサインが出て事業が動き出してしまってから、あれがつくれるこれがつくれると提案では言っていたのに、やっぱり腐っていてダメでしたでは話にならなくなってしまう。事業の実施を検討、決定する立場にある人も、使うお金が無駄にならない確証を持てなければ、ゴーサインを出すことができません。ですので、どう転んでも事業の成果を出せるように考えておくことが、提案段階では必要です。花見堂の場合には、まず目視による判断に過ぎないが、かなり大丈夫と思っていることをお伝えし、その上で、予想があたっても外れても、事業が一層魅力的なものになるように、校庭にあるサクラ以外の伐採対象樹種も活用することを提案しました。そうすることで、万一予想が外れてサクラの材の取れ高が少なくなっても、ほかの樹種で補える。そしてサクラの材の取れ高がどうあれ、校庭の木々すなわち学校の森の木をいろいろ使って、往時の森の縮図のようなインテリアを新しい施設に実現できるというわけです。

## 伐ったサクラでつくるのは、「モノ」じゃない

花見堂では、伐採対象樹木に関してなにかをするかしないかを判断するのは、施設を管轄する世田谷区というよりも、閉校の話が出て以来、区と共に地域のことを考えて動いてきた地元の方々の意向が大きいようでした。一方、区の担当職員たちからは、この地域にとって本当に意味のあることをしていきたいという意識が強く感じられました。廃校の方針が示されて以来、当初は反対の声が強く、ここに至るまでの長い期間にしんどい場面もたくさんあって、地域の方々と区の担当職員たちはそれを一緒に乗り越えて進んできたのです。また、その二者に加えて大きかったのが、地域住民と区の間に入って伴走し、支援してきた街づくりコンサルタントの存在でした。花見堂では、地域のために汗をかいて動くことを厭わないたくさんの方々と、その方々に信頼される行政職員、彼らの歩みを裏方で支える街づくりの専門家、という三者が、共に苦難を乗り越えながら、互いに信頼し合える関係を築いていたのです。そのポジティブな雰囲気は、後から加わった私にもすぐに感じられました。ここならば思いっきり腕を振り切って、全力で球を投げても大丈夫に違いない、いやむしろ、ただストライクをとりに行く投球をするほうが失礼にあたるのではないかとさえ感じられました。

そうこうするうちに、地域の方々の前で花見堂の木々を活かすどのような可能性があるのかをお話しする、いわばプレゼンの日がやってきました。これは花見堂に限ったことではなく、大抵はそうな

のですが、私に相談する前の段階で先方は、内々で、伐採する木で記念のレリーフやベンチといったメモリアル品をつくることができないか検討されていることが多いものです。ですが私の考える都市林業では、そんな相場観を壊したい。この本を通じてお伝えしたい大事なことの一つでもありますが、自分たちが、もっと大きな可能性の前に立っているのだということをお伝えしたいのです。サクラの木で記念品やベンチをつくる仕事を受注できればそれで満足ではありません。街の木を活用して本当に良かった、またこういうことがあったら自分でお金を出してでもそうしたいと、関わった人が心の底から思えるような事例をこそつくりたいのです。銘板を貼られたレリーフやベンチを見て、見た人が「ふーん、そうなんだ」と感想を漏らすという程度の目論見ならば、街の木なんて活用しなくてもいいとさえ思っている。それでは私たちの時代、私たちの街ならではの文化をつくったとは到底言えない。木があって良かったと心の底から思えることにみんなで取り組んで、その挑戦の物語のなかから、自分たちにとって大切な街の空間を生み出したいのです。

プレゼンの日、私は全力で球を投げました。以下は、その時の記録からの書き起こしです。

（自己紹介に続いて）

今日、最初に紹介したいお話がありまして、とある団地の物語なのですが、この団地にもたくさんの木があって、それが随分大きくなっていて、たくさんの木を伐るという話が出ていました。そこは緑でいっぱいの団地ということで、若い人たちも入居していました。その若い人たちが、緑が魅力で入居したのに、それが伐られちゃうとはとんでもないということで、私のところに相談に来たんです。なんとかならないかと。

反対派は三〇代から四〇代の若い人たちだったのですが、彼らが言うには、高齢の方が団地には多いのだけど、その人たちはむしろ伐採に賛成していると。なんでかというと、エレベーターがないので高齢の方々は低層階に住んでいて、日陰になりやすいからだとか、そんなに木に関心がないんだろうとのことでした。

それから実際に現場に行って、いろんな人に話を聴きました。そこではすでに大きな木々の伐採も始まっていました。で、すごく衝撃的だったのは、そこで会った高齢の方々が、「この木は私たちが植えたんだ！」って言うんですよ。ここは砂漠と言われていたんだと。私たちが引っ越してきた時には、なんにも植わっていなかったと。コンクリートの建物だけがあって、荒野みたいだったと。で、そこに、自分たちで苗木を買ってきたりして、植えたんだって言うんですよ。

イチョウの並木があったんですけど、大きな木で、それも伐られる対象でした。それは物干し竿で間隔を測って、みんなで植えたんだって言うんですよ。そこのヤエザクラの花が咲くと、みんなでお花を摘んで塩漬けにして、サクラのお茶を入れて楽しんでいただとか、そういう話がどんどん出てきた。

高齢の方々も、木に関心がなかったわけじゃなくて、本当は思い入れがあったんですよね。だけど、大きくなりすぎた木が危ないとか、私も実際に見ましたが危ない木がたしかにあって、で、そんな大木がたくさんあるっていう状態は、やっぱり管理費ものすごくかかっていたわけで、じゃあ管理費が上がるけどＯＫなのって言ったら、若い人たちも嫌だと思うんですよね。いろいろ仕方のない事情があって伐られちゃうんだなと。高齢の方々も、いろいろな思いもあるなかで納得されていたんだと。

で、ここで問題になるのは、なんでその、「私たちが植えたのよ！」っていう、その面白そうな物語が、若い人たちに受け継がれなかったのかっていうことです。木がむしろ、対立と分断のきっかけになってしまっていた。

それはやっぱり、一緒になにかに取り組むっていう機会がなかったんだろうなと思うわけです。できたばかりの団地に越してきたっていう時には、一緒に取り組めたんですよね。木を植えるということで。いまだったらそんなことはなくて、業者任せで、綺麗に飾られたところに入居してくるから、きっと一緒になにかをするってことはないんだろうと思います。お金を払うだけで。

でも昔はそうじゃなかったから、砂漠と言われたところに自分たちで植えたんだと。そうして一緒に取り組んだ物語ができて、コミュニティができたんだと思う。作業が終わった後には、一緒にご飯を食べたりビールを飲んだりしたでしょう。子どももたくさんいたりして。でもその後っていうのはそういう機会がなくて、緑の手入れにも管理会社が入っていて、その人たちがやっている。そうではなくて、少しでも、若い世代の人ともなにか一緒に取り組む機会があったら違っただろうなと。

大事なことっていうのは、この花見堂でも、一緒になにかに取り組んで物語をつくって、それをつないでいくっていう考えではないかと思います。それを木をテーマにやってみる、っていうのが今回の話だと思ってます。それには、これまで育ててきた木を活かすってことが考えられるし、これから新しい木を育てることであったり、それをまた活かしていくことも考えられるのかなと。

そこで、具体的になにができるのかってところが今日の提案なのですが、小学校の木は私のほうでいくつか大きな木を製材したりして準備をします。そしてそれ以外にも、皆様と一緒にできることがある。すぐ近くにある地区会館と児童館が取り壊しを待っている状態なので、そこの木々を活かすってことが考えられるかなと思っています。それが「伐採ワークショップ」だったり「製材ワークショップ」だったり。伐採も大きな木っていうのは、あそこにはあんまりなくて小さめの木がたくさんある状態なので、私と皆様とで力を合わせれば活用のために自分たちで伐採することはかなりできるかなと。

そういうこともできるだろうし、木の命をつなぐ苗木採り、苗木づくり、っていうのもあります。これもどこまでできるかっていうのはもう、みんなでやっていくしかないんだと思いますが、苗木採りっていうのは、勝手に生えてきている大きい木の子どもなんかを、自分たちで工事現場になるところから掘り採って救出して、また新しい場所に植えるという取り組みです。そういうことをみんなでやってもいいよねと。新しく植えるところができるまでみんなの家で育てておいて、工事が終わったらそれを持ってまた集まってみんなで植えるとか。地区会館のエントランスの左のほうですが、これ、月桂樹（ローリエ、葉をハーブとして利用できる）ですよね。これ掘り起こすのすごく大変そうなんですが、みんなで力を合わせてやってもいいよなって。みんなで汗をかいてこれを一生懸命掘り起こして、でまた、新しくできる施設に植えて、これでカレーでもなんでもつくって、ローリエを入れて使えますよね。それでカレー食べたよねっていう話をつくったら面白いだろうなと。あるい製材のワークショップっていうのはこういうイメージで（ほかで行った写真を見せながら）、みんなで力を合わせて伐った木の皮を剥いたり、余分な枝を切ったりして木材にしていくわけです。ちっちゃい子も大人も、みんな一緒になって取り組むってことができたらいいなと思っています。

そして、新しくできる施設のフリースペース（施設の中心になる広場的屋内スペース）をつくるっていうことも、みんなで力を合わせてやることができるんじゃないかなと。（写真を見せながら）これは、昨年やった場所なのですが、新しくできる公園の施設の顔になるエントランスをみんなでつくろうっていうことで。こういう木材を、何十種類っていう樹種の木材を、これも現地で伐った木々がたくさん入っていて、それをいろんな市民の方々に加工していただいてエントランスの壁に貼りつけていって、全体になってみると調和して見えますけれど、一個一個を見ると掘り込みを入れてあったりとか模様つけてる子がいたりとか、結構好きにやっているんです。この子たちがいま、お母さんと一緒に来てこうやってつくっていて、で、また二〇年後とか三〇年後とかに自分の子どもを連れてここに来たりとか、これお母さんが子どもの頃にやったのよとかって言ったりして、そうしてこの伝統をつないでいってほしいと思っているんです。これからもその公園で、木が伐られることもあるだろうし、また新しい施設ができることもある。そういう時にまたこういうことをやってくれれば、街に自分の思い入れのある施設っていうものが増えていくんじゃないのかなと。

それで今回、こういうことできたらいいかなと思っているのが、小学校っていうとなにか、ドミノとかって昔テレビで見た覚えがあるんですけど、全校生徒でドミノを学校中でやって、すさまじいものをつくるっていう。一個一個の作業は簡単で子どもでもできる。でもみんなの力が集まるとてつもなく壮大なものになるっていうような、さっきのエントランスの壁にしても、これで一〇〇〇ピースくらいのパーツがあって、実際この作業に関わったのは四〇〇人以上です。だからこれはこれで結構壮大さがあるんですが、なにかもっと、全校生徒ドミノみたいに細かくてヤバイやつを、皆さんと一緒にできたら面白いなって勝手に思ってるところです（4ページ、11ページ参照）。

これ、ちょっとだけ持ってきたんですが、こういうピース。何十という樹種で、学校の木も児童館の木も、新しい施設にこれから植えられる木も、全部このなかにある。街で見かけるほとんどの樹種があるよっていう。それくらいの量を揃えちゃいます。で、これっていうのはいま、かまぼこの板のような状態で面取りっていうのがされていないんです。面取りっていうのは角がピンピンしてるのを、カンナを使ってその角を取っていくんです。で、磨いていく。一枚一枚。非常に手間のかかる作業なんですよ。街の木っていうのはいろんな樹種があるんですが、大きな材がとれる木ばっかりじゃないんですよね。みんな欠点が多くて、長い材料はとれなかったり、小さな端材ばっかり出る。でもそういうものも、これだけ小さなパーツにすれば、みんな活かしていけるんじゃないかって。で、それをみんな集めると、かなり魅力的なものができるんじゃないかって考えてやってみているのですが、一つ欠点は、膨大に手間がかかるっていうことなんですよ。でもやってて思うのは、これみんなでやったらめちゃくちゃ楽しいよなって思うわけです。

この作業をする時っていうのは、もう空間の形はだいたい見えていてそこを仕上げていく作業なんですが、みんなでわちゃわちゃ喋りながらやって、できていったらすごい楽しいよなって、ずーっと思いながら一人でやってました。それが実際できたものが写真のようなものだったりします。なかなかこういう手仕事って今時見られないと思うんで、でもそれをプロにやらせると普通はすごくお金がかかる。でもこれってみんなでやればできるよなって。まだなにか確定しているとがあるわけではないんですが、こんなふうに新しい施設の空間をみんなでつくっていけたら楽しいいんじゃないかなと思っています。

そういうふうにしてできたなら、それはみんなの力があったからこれだけ素敵なものになったよねっていう施設ができるんじゃないかなって思っています。やっぱりそこに来たら、そこで顔を合わせた人と、あの時大変だったよね、でも楽しかったよねっていう話ができるんじゃないかなって。そこでたとえばさっきの月桂樹の木を植えていたとしたら、それが育っていくのを楽しく見られますよね。毎回来るたびに、どうなっているかな、大きくなってきたねって。そういう話ができる仲間ができる。一緒に取り組んで、物語をつくって、それをつないでいくっていうのが、それが花見堂のスタイルだっていうようにできたらとても面白いんじゃないかなと思ってます。伐ったサクラでつくるのはメモリアルの「モノ」ではなく、私たちがつくる伝統。子どもたちに我々が見せるのは、花見堂ではこうなんだというスタイルです。

このようにプレゼンでは、予算さえつけば業者任せでできるということを超えて、地域の方々と一緒でなければできないことをお話ししました。花見堂の人たちには、私などに言われるまでもなく、元々、地域のために自ら動く伝統とスタイルがあったので、木の活用に関しても自分たちらしく、それをそのままやりましょうということです。

公共施設を整備するプロジェクトのなかで、地域住民との意見交換や合意形成のためのワークショップを開催するのはよくあることですが、都市林業でも参加のプロセスを大切にしています。業者任せでただそこに街の木のベンチが出現したり、自分はなにもしていないのに記念品をもらっても、大した驚きもなければ感動もないし、街の物語は生まれません。都市林業では参加のプロセスを大切にして、たくさんの人が一緒に取り組めるようにして、地域の物語をつくろうとしています。誰もが地域のためになることに参加できるようにする。大人たちは自分たちが取り組む姿を子どもたちに見せることになる。子どもたちにとっては得難い体験の機会になる。重くて大きな木を動かしたり、人力で製材したりする。育てた苗木をみんなで植えて新しい森をつくったり、何千ピースもの部材を削って自分たちならではの家具をつくったり。やる前には到底そんなことは無理だと思っていたようなことを力を合わせて実現した体験は、個人として得るものがあるにとどまらず、地域への愛着や当事者意識を育むことにもなっていく。

私自身、街の木の取り組みをはじめたおかげで、自分がいる街に愛着を感じられるようになっていきました。それ以前は、ずっとそこで育って暮らしていたのに、地元に特段の愛着を感じることはありませんでした。誰かが用意してくれた便利を無意識に受け取るばかりで、自分でなにもしていなかったのだから当然です。誰かと一緒に地域のために取り組む機会を持てて初めて、その土地が自分にとっての特別なものに変わっていきました。それはきっと誰でも同じだと思います。街の木の取り組みを通じて、ある日一日、一緒に汗を流した人たちのなかには、いまでもつながっている人がたくさんいる。たった一日、一緒にいただけなのに、なにか特別な、戦友のような感じがするのです。そういうことがはじまる起点に街の木がなれた時、木があって良かったと思えるし、木に資産的価値がいくらかでも増えたと思える。木がきっかけとなって物語がはじまる。そしてその物語のなかからモノも生まれる。地域の人たちがみんなで共有する物語の結節点として、自分たちで育てた木で、自分たちも汗を流して完成させた、特別な街の居場所ができていくのです。

## 住民参加ではなく住民が主体

都市林業で言う「住民参加」は、「お客様」としての参加ではありません。こうしたプロジェクトに際して参加のプログラムを設けようという打ち合わせでは、なにか参加者が持って帰れるものを用意できませんか、と言われることがよくあります。きっとお土産がほしいだろう、なにか記念のものを持って帰れたら嬉しいだろうと。それはたしかにそうだろうとは思います。ですが私は、慎重にすべきだと主張します。参加のプログラムを設ける意図に、地域コミュニティの醸成などがある場合には確実に反対です。街を良くしようというプロジェクトのなかで、なんであれ小さなことでも当事者となってくれる人を求めているのに、お土産やお楽しみ企画で呼びかけるのは逆効果になりかねないのです。受益者になれるので来てくださいと集めたら、集まった人たちはお土産をもらってたしかに喜んでくれるでしょうが、それまでです。お楽しみがないと参加者が集まらない、などと弱気になってはいけません。得なことがあれば来てくれるだろうというのは、むしろ失礼な話です。こちらの形が相手をつくるのです。相手を信頼し、期待し、こちらが何者であるのかを募集の言葉やチラシで伝わるようにしなければなりません。こちらはこういう想いでやっているのだと。手伝ってほしい、一緒に取り組んでほしい、力を貸してほしいと率直に言えばいい。それでたくさんの人が集まってくれれば最高ですが、仮に少なくても、実のところ大した問題ではないのです。その時は少ない有志と、負担が大きくなった苦労を分かち合って労い合えばいい。我々も頑張るし、行政の担当職員だって二人分動けばいい。それで物語はちゃんとつながるし、後から振り返ればかえって面白いエピソードにだってなる。大変であればあるほど、信頼感で結ばれる。

住民参加のプロセスでは参加者を受益者にしてしまい、用意する側とされる側、もてなす側ともてなされる側に分かれてしまうのが、致命的に困ったことなのです。参加者が定員いっぱいになってもそれでは中身があるとは言えないし、もてなす側が疲れてしまうだけなのです。都市林業の取り組みでは、ごく初期の頃にこそ「素敵な木工品をつくって持って帰れます」などと受益をうたって参加者を集めたことがありました。ですが、すぐにそれでは面白くならないと気がついて、以降はまだ見ぬ人たちを信頼するようにしています。自分が得をするためではなく、誰かを喜ばせるためにこそ集まってきてほしいと呼びかけます。そう呼びかけて実際に来るのは、お土産があるからという呼びかけで集まる人ともしかすると同じ人かもしれません。ですが、同じ人でもこちらの信頼と期待次第でまったく違う物語になるのです。

さて、花見堂の話に戻します。花見堂ではもとより、地域の方々はお客様ではありませんでした。私が関わるずっと以前から、この地域を良くするために取り組んで来た方々でした。その上で、実際に木を活かす取り組みがはじまって、花見堂における住民参加は、参加という言葉を使うことがまったく適切ではない、もっとはるかに主体的で継続的で一貫性のあるものになりました。これは、私の提案や働きかけによって結果的にそうなったというのではなく、ずっと以前からここの人たちには地域のために汗を流す文化があったので、街の木の取り組みに関しても彼らはいつも通りに動いただけでした。そのいつも通り＝花見堂スタイルを、木に関する取り組みでも子どもたちに見せようということを、大人たちは共有し、実行したのです。

## 伐採・造材ワークショップ

地域の方々との最初の作業は「伐採・造材ワークショップ」でした。小学校に遅れて取り壊される地区会館と児童館の敷地で、伐採予定の木々を可能な限り木材にするべく確保するのがミッションです。敷地にある一番大きな木であった直径約四〇センチ、二階建ての家よりも高さのあるタイワンフウ三本の伐倒作業こそみんなに見学してもらいながら私たちがしましたが、倒した後の枝払いや樹皮剥きなどは、大人たちはもちろん、児童館にいつも来ている子どもたちも大勢参加して行いました。大変だったのは丸太の搬出。フウの木があった園庭には全体を覆う高いフェンスがあって、トラックを入れられませんでした。フェンスを越えて木を動かせる、大きなクレーン車を呼べるような予算もなかった。そこで数百キロの重さがある合計九本もの丸太をみんなで力を合わせて動かし、人力だけでトラックに載せるという作業を行いました。ほかにも中小の木々、キンモクセイ、モクレン、ナツミカン、ハナミズキ、ヒメシャラなども可能な限り自分たちで伐採し、整った丸太にして確保して、さらには、ゆくゆく燃料として活かすため枝払いで出た枝も短く切って箱詰めして移送、月桂樹などの既存樹木も掘って救出。地域の方々も区の担当職員も児童館のスタッフも街づくりコンサルタントも私たちも、真っ暗になるまで作業しました。

この日、参加者に見学してもらいながら伐採した、2階建ての家よりも背の高い3本のタイワンフウ。

樹皮を剥く作業。

取り壊しになる施設の木々を地域住民の力で活かす「伐採・造材ワークショップ」で、倒した木の枝払い作業に取り組む地域の方々。

樹皮を剥く作業は子どもたちに特に人気。

園庭内にはクレーン車が入れないので、力を合わせて人力で丸太を動かす。

後継施設に受け継ぐために、既存樹木をみんなで救出。

工事期間中は住民有志が持ち帰り育成。

## 樹木染めワークショップ

その数ヶ月後には、フリースペースで使う予定の椅子（伐採・造材ワークショップで得られた中小の木々で製作）のクッション生地を、木の樹皮などを活用して染めてつくろうと、その時点でまだ敷地にあった一二樹種から枝葉や樹皮を採取して、一二色の椅子生地を染める作業を行いました。児童館で使っていた屋外調理用のかまどをフル活用して、染料を煮出すための燃料となる薪は、伐採・造材ワークショップの時のフウの枝。一二樹種を目指すというのは、普通にイベントをする感覚からすると、相当どころか完全に無理があると思っていました。ですが、出し切れるだけ出し切って、これ以上なくやってしまった伐採・造材ワークショップの流れもあり、できたらいいねの精一杯を目指すのが花見堂らしいという雰囲気があったので、その方向で頑張ることに異論の声は上がりませんでした。染めの準備や指導を担当してくれた人の入念な準備がまずあって、当日さらに、みんなの力が結集されました。実際、猛烈に大変な一日でした。子どもたちはみんなイキイキとして作業に参加して大いに楽しんでいましたが、大人たちはもう語り草になるくらいの大変さでした。私はもちろん仕事としてこの件に関わっているわけですが、単純な仕事を発注する側

「樹木染めワークショップ」の様子。後継施設の椅子のクッション生地を伐採予定木の枝葉や樹皮を活用して染める。お湯を沸かす燃料は「伐採・造材ワークショップ」の際に出た枝を使用。

される側という関係を超えた、いわば共犯関係とでも言うような関係があればこそできたことだったと思います。共犯関係でなければ、仕事としてきちんと収められる範囲で企画、実施せざるを得ません。それが本来、プロというものです。参加者の動きいかんで、作業が進むペースを読み切れないのが住民参加での作業ですので、作業量は安全を第一に大きく控えて設定しておくのが普通の感覚です。伐採ワークショップであれば大きな木を一本だけ、あるいは中小の木だけに絞って、予定通りでないことが多少起きても、時間通りに終われるように企画する。椅子のクッション生地を染めるのであれば、一二樹種一二色（！）ではなくて、せいぜい三～四樹種くらいでも大変だったと思います。しかし花見堂では、こうできたらすごいねの、精一杯までやり切りました。これが花見堂のスタイルなのだと、子どもたちに見せたのです。区の担当職員や児童館の職員も、街づくりコンサルタントの方々も、もちろん私たちも力を出し切り、木をきっかけに自分たちの力で街を良くすることに取り組む、忘れがたい一日を過ごすことができたのです。

勝手に芽生えて育っていた
イヌビワの枝葉を染料に。

勝手に芽生えて育っていた
センダンの枝葉を染料に。

タイワンフウの樹皮を染料に。

## 家具づくりワークショップ

その後、新しい建物が完成し、小学校と児童館の木々で製作していた家具もできてきて、その家具を小さな木のタイルで装飾する作業を、施設のオープニングイベントの一環として三日間かけて行うことになりました。初日は、スタッフを買って出た地域の人たちが中心となっての作業。作業に習熟し、はじめての人に教えられるよう準備しました。二日目以降は、オープニングイベントに集まってきた地域の人たちや、子どもたちに作業への参加を呼びかけ、初日に作業に習熟した人たちが私たちと一緒にお世話をしました。一日約二〇〇〇ピース、三日で約六〇〇〇ピースを仕上げて家具が完成。これも普通の現場であれば、三分の一か五分の一くらいの量にして、私たち業者だけで準備とお世話をして、地域の人たちにはお客

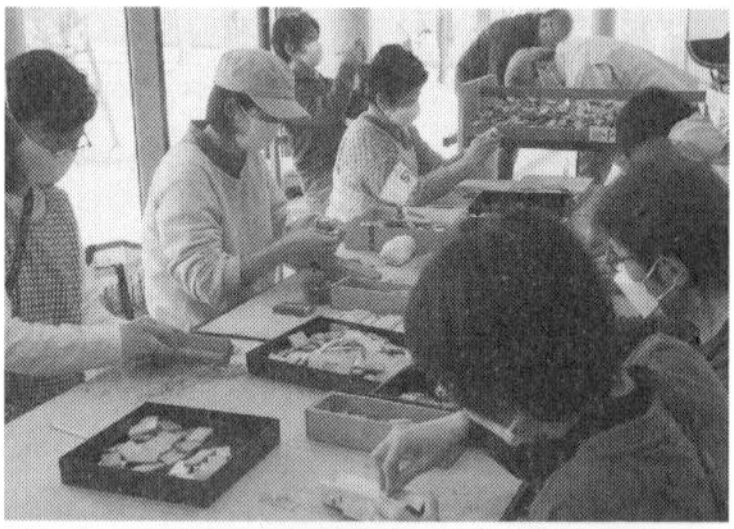

多樹種活用に伴い必然的に発生する、多樹種の端材を活かしてつくられた木のタイルを、家具の装飾に。タイルの仕上げ（カンナによる面取りやサンドペーパーによる磨き）作業にたくさんの地域の方が参加して、施設の中心となるスペースの家具を完成させた。

完成した椅子。木材は「伐採・造材ワークショップ」で材にしたキンモクセイ、ハナミズキ、ヒメシャラ、カヤ、モクレン、ユズ、サンゴジュ。クッション生地の染色にはナンテン、セイヨウバクチノキ、ズミ、センダン、シラカシ、ヒサカキ、イヌビワ、キンモクセイ、ハナミズキ、サンゴジュ、タイワンフウ、ケヤキの樹皮や枝葉を使用。

様として参加をしていただくスタイルになっていたと思います。しかし花見堂ではそうではなく、地域住民が参加のプロセスをつくる側となり、地域の大切な場所をつくることに取り組んで、完成させることができたのです。

## 最低のマナーを基準にしない花見堂

通常、子どもたちが使う場所の設えは、乱暴なことや汚してしまうようなことをしても大丈夫なようにしておこうとなりがちです。木目シートが貼られたテーブルや、防汚加工が施された新建材であれば安心です。公共施設でもお店でも、今時、子どもに限らず大人に対しても取り扱いに一定の気遣いを期待できなくなっていて、最低のマナーを基準にして設えられていると言っても過言ではありません。ですが花見堂では、総無垢材の、塗料の塗膜でガチガチに固められたわけでもない、木の質感が感じられる仕上げの家具を子どもたちが使用しています。椅子のクッション生地は天然ウールを木の染料で染めたもの。扱いが悪ければ汚れがつくものです。

現状、花見堂の子どもたちが汚れやすい家具や椅子を丁寧に使っているのかと言えば、そんなことはありません。食べこぼしを散らかすし、机の天板にはボールペンの跡、なにか硬いもので何度も叩いたような凹みもでき、椅子の生地にはあちこちになにかをこぼしたシミができました。しかしそのことで、椅子の生地を汚れがつかないものに張り替えようとか、天板をなにかでカバーしようといった話はいまのところ出ていません。家具を製作する前のミーティングでも話し合っていたことですが、子どもがいるから繊細なものや高級なものは使えない、ではなくて、普段からそういうものを使っているからこそ、ものを見る目や扱うリテラシーが養われるのです。自分で高級な靴を買ってはじめて、くつべらを使うようになるように。子どもがいるから使えない、ではなく、子どもがいるからこそ、そうしたものを使っていくことで学ぶ機会の一つにしようと意図しているのです。

そして花見堂では、汚れたり傷がついたりした家具の補修やメンテナンスを地域の人たちが自らしています。メンテナンスをすることを事前に告知し、子どもたちにも参加を呼びかけます。家具を拭いて綺麗にし、天板などについた傷は補修してオイルを塗り直してまた磨きます。汚れた椅子のクッションもできるだけ綺麗になるようにクリーニングします。ちょうど先日もその作業をしましたが、子どもたちも参加してくれて、そのなかには家具をつくるワークショップに出たという子もいたほか、大人たちももちろんたくさんの人が参加しました。何十人集まったのか人手がありすぎて予定していた時間の半分ほどで終わってしまい、懇親会の料理が届くまでにずいぶん待つことになりました。

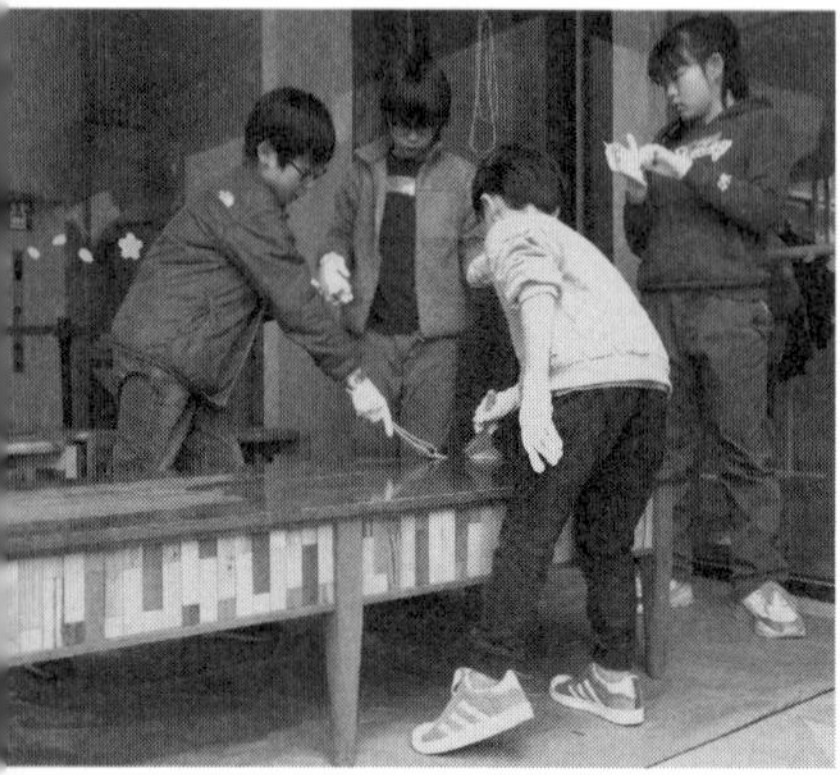

1年に1度の家具のメンテナンス作業に参加する子どもたち。

いまのところ子どもたちには、家具を汚すなだとかこぼしたら掃除をしろだとか特に指導をしているわけではありませんが、こうしてメンテナンスをしている姿を見せたり、それに参加したりする子どもたちもいるなかで、きっと変わってくることがあるだろうと考えているのです。

## 物語の結び目として生まれる街の居場所

花見堂では、小学校と児童館で育った木々を活かして、地域の人たちが共に取り組む物語ができました。そしてその物語の結び目として、木でつくられた場所が生まれた。花見堂の物語は、私が関わる以前からはじまっていたものですが、そのなかに自分たちの街で育った木が大事な役割を果たすページもたくさん加わって、これからも物語は続きます。

花見堂の物語には、花見堂の人たちが何者であるのかがとてもよくあらわれています。たくさんの人が地域のために自ら動き、できる限りのことをした。この程度できればいいだろうといった雰囲気は微塵もなく、いつも目一杯、頑張れるだけ頑張った。苦労したけれど、笑顔の溢れる花見堂でした。物語は目に見えないものですが、新しくできた施設の木でできた空間は、見て触れて、そのなかにいられるものとしてそこにある。自分たちならではの物語から生まれたモノで設えられた空間は、特別な思い入れのある大切な場所となり、どんな時でも自分たちが何者であるのかを思い出させる。あの時の、誰かのために力を出し切った自分たちを思い出させる。

施設のオープン後に発表された地域の方々がつくった「さくら花見堂　憲章」には、木とフリースペースのことがしっかりと書き込まれていた。私は驚き、「嬉しい」などという言葉では到底表現できない気持ちになりました。

子どもがたくさんいる施設のいくつかの家具に仕込まれた魔法陣タイル。魔法陣のひとマスが「?」になっているが、それぞれの魔法陣のオリジナルは、少し調べれば出典がわかる有名なもの。普段何気なく使っていた机や椅子の装飾のなかに、ふとこれを発見した少年が、そこからはじまる謎解きと大冒険を空想してくれる、かもしれない。

# さくら花見堂　憲章

57年の歴史に幕を下した花見堂小学校は子どもたちの学びの場であるとともに、地域活動の拠点でもありました。この地に新たな施設を整備するにあたり、地域と行政が連携し、8年間にわたり新しい施設のあり方について議論を積み上げてきました。

新しい施設では、花見堂小学校が地域で果たしてきた「子どもが集う場」「地域コミュニティの核」「地域防災機能の拠点」という役割を継承するために、常にこの基本に立ち返ることが必要です。

そのため、以下の利用憲章を定め、この経緯と理念を次世代に引き継ぎます。

## この場所を未来の子どもたちのために

① この施設は、利用者や地域の人たちが自主的に運営する新たなコミュニティの拠点であり、自分たちの手で日々手入れをする新しい公共施設のあり方をめざします。

② 施設の利用者は、施設の理念を守り、運営を支援するための役割を担います。また、地域の安全安心のため、災害時の避難所運営に積極的に関わります。

③ 施設の運営は、子どもの声が聞こえる施設という基本に常に立ち返り、子どもたちの目線を大切にします。

④ フリースペースは、この施設の核となるように、子どもから高齢者まで誰もが気軽に立ち寄れる、開かれた場所とします。

⑤ 施設のしつらえは、花見堂小学校や旧児童館・地区会館の樹木を活用し、地域の歴史を次世代に引き継ぎます。

⑥ 広場の樹木やフリースペースは、地域の人とともにゆっくり育てます。その時々の共通の体験を皆でつくり、子どもたちの思い出の場所とします。

# 街の木（クセが強い材）の活かし方②

## クセが強い材の代表、ソメイヨシノ

私たちの街で一番人気の木と言えば、やはりソメイヨシノではないでしょうか。しかしこのソメイヨシノ、木材としてはダメと言われてきた木の代表でもありました。街に植えられているソメイヨシノを見てください。もちろん個体差がありますが、木材として良いとされるすーっと真っ直ぐな幹からは程遠い、曲がったり、螺旋状のねじれが見てとれるものが多いことに気づくでしょう。

パスタ（スパゲッティ）を束のまま茹でて柔らかくしたものをぎゅーっとねじってそのまま固定し

幹に螺旋状のねじれが出ているソメイヨシノ。

ねじれが少ないソメイヨシノ。

て、半乾きに固めたものを想像してください。これがソメイヨシノに限らず、ねじれた木の構造です。ねじった状態で固めたパスタは、ネトネトしていて互いにくっついていることでしょう。それを、丸太を製材するようにスライスしてみましょう。そうしてできた板状のパスタを、製材した板を乾かすのと同じように乾かすと、一見硬くて頑丈そうな板になるかもしれません。ですがしばらく置いておくと、周囲の温度、湿度の変化で歪みが出てきて、最初は平らだった表面に段差ができたり、くっついていたところに隙間ができて剥がれたりするでしょう。

この板の内部ではパスタの一本一本がつながっておらず、しょっちゅう切れている上に、短くなったパスタの一本一本それぞれにねじれた力が内包されている。日光が当たったり温度や湿度が変わったり、常に環境の変化があるなかでこの板は安定した形ではいられません。ねじれた木の構造もこれと同じで、そういう木は真っ直ぐに製材しても活用することが難しいのです。それに対して好ましいのは、ねじれが少なく、木の繊維（一本一本のパスタ）が板や角材のなかにすーっと連続して通っていることです。

乾燥して歪んだソメイヨシノの板。

前置きが長くなりましたが、ここではそんなソメイヨシノの活用例を紹介します。一つ目は事例紹介で取り上げたさくら花見堂のソメイヨシノ。ねじれだけでなく腐れも多いのでそちらにも注意が必要ですが、ねじれに関しては個体によって違いがあるので、できるだけ素直なものを優先して活用します。製材中の写真の木目を見ていただければわかる通り、それでも木目はしっちゃかめっちゃか、とてもドラマチックです。素直な丸太の場合にはもっと静かな木目になるものです。

なにはともあれ幅広い板がとれました。この板でつくりたいのは大きなベンチ。板の大きさをそのまま活かして、一枚板の座板にできそうな感じもしますが、とれた板は乾燥に伴って大きく歪みます。座板として厚みは最低三〇ミリほしい。製材時の厚みは四五ミリでしたが、これにそのままカンナがけをして平らにしたのでは、平らになるまでに削る分量が多すぎて残したい厚みを確保できません。最初からもっと分厚く製材しておけば良いのにと思うでしょうが、そうすると今度は割れが大きく出たり、もっと問題なのは厚く製材すればするほど乾燥に時間がかかり難しいのです。この案件では何年も乾かしておける時間はなく、乾燥を早めるために人工乾燥設備のお世話になれるだけの予算もありませんでした。

そこで、許された乾燥時間の間にずっと同じ状態で積んだまま乾かすのではなく、時々ひっくり返したり、途中で一度表面を薄く削って歪みをならしたり（動かしたり削ったりしてフレッシュな面を出すことで乾燥が促進される）、いろいろと手をかけました。こうした手間も本来であればコストで

花見堂のソメイヨシノの製材風景。

割り矧ぎ木取をした花見堂のソメイヨシノ。

できあがったベンチ。

すが、私が合間合間に自分の手でできることなので、遠方にある人工乾燥設備のお世話になれなくても、できるだけのことをしておこうというわけです。またこの時はベンチにして納品した後に、直射日光などのストレスで歪みが出る恐れがあることをあらかじめ先方に伝えた上で、それをまたカンナがけなどして修繕する作業も、子どもたちに体験してもらいながら進めます、ということでの人工乾燥なし、ソメイヨシノを活用しようという選択でした。繰り返しになりますが、限られた予算の中で行う現実のプロジェクトでは、教科書通りにすることが必ずしもベストな選択とは限りません。また主に予算の問題から、教科書通りにできるとも限らないのです。

## 割《わ》り矧《は》ぎ

さて、この歪みが出たソメイヨシノの大きな板をどうやって厚みを残しつつ座板に仕上げるか。ソメイヨシノに限らず反りや歪みが大きい広葉樹材ではよくされる方法ですが、「割り矧ぎ」をしました。大きな板のままでは一番めくれあがったところと一番引っ込んだところの落差が大きすぎる（その落差分を削らなければ平らにできない）ので、大きな板を何枚かに分けることで歪みの落差を小さくして、それぞれに平らにした上でまた貼り合わせて一枚の大きな板に戻す、というやり方です。このベンチは納品後、今日までまったく不具合が出ていませんが、こういう結果は、どれだけ注意深く教科書通りにしていても絶対に大丈夫とは断言できない、珍しいケースだと思います。木とはそういう素材で、ソメイヨシノのようなクセの強い木材はとりわけそういうものなのです。

## 大きな木取で使う

木のものづくりでは、細い断面で長い部材が必要なものほど素直な木でつくります。細い框（フレーム）と細い組子が組み合わされた障子のような建具は、普通、スギの最も高い等級の木材でつくられます。それに対して、ソメイヨシノのように割れが出やすい樹種や節や入り皮（樹皮の巻き込み）、部分的な腐れや虫食いなどもそうですが、構造的強度に不安がある材は薄い板や細い材として使わず、大きな断面で使うのが素直なやり方です。もっと言えば、丸太のまま使うことも考えられます。細い棒に節があればそこでポキッと簡単に折れますが、節をのみ込む十分な大きさがあれば大丈夫、という具合です。下の写真は日下建設中の総街の木造りの建物で使用しているソメイヨシノで、数々の欠点がありますが、欠点を建築化された標本としつつ余裕のある大きな断面で使って、柱など力がかかるところにも使用しています。

またこちらも総街の木造りの建物での使用例ですが、ものすごくねじれたサンゴジュの大木を分厚い板にしていたものです（次ページ写真）。ねじれがあることによって生じた入

ソメイヨシノの柱。

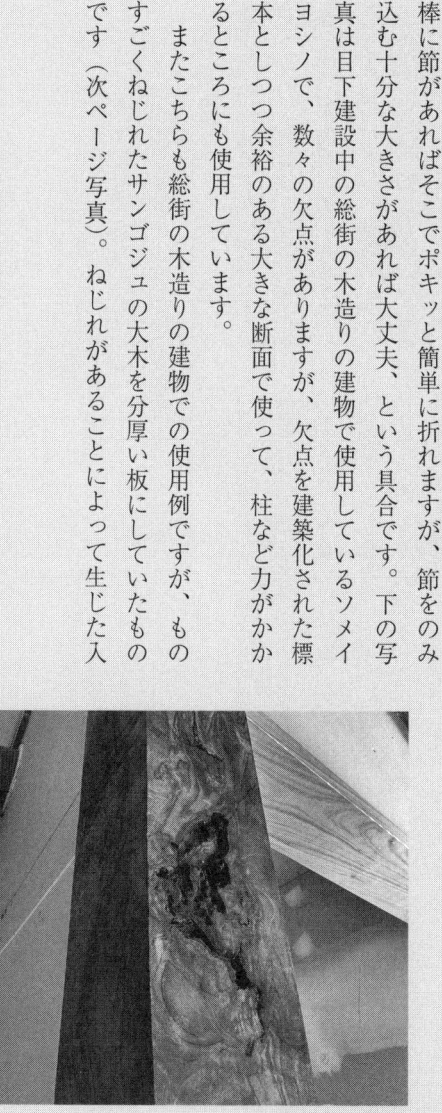

り皮や凸凹が大きく、オブジェにする以外どうにも使いようがないようなものですが、分厚いまま洗面台の側面に採用しました。洋服の裏地や、重ね着をして下の柄物の服が少しだけ見えるような感覚で、目立ちすぎないところで面白くなるように使用しています。

チェンソー製材中のサンゴジュ（P97 で紹介したもの）。

乾燥したサンゴジュの材。

洗面台になったサンゴジュ。

## 事例紹介② 南町田グランベリーパークの物語

### 商業施設と公園を一体的に整備する再開発

南町田グランベリーパークは、二〇一七年から二〇一九年にかけて行われた再開発により誕生したエリアの名称です。東急田園都市線南町田駅前の大規模商業施設グランベリーモールと、隣接する広大な公園とを融合させる、近年稀に見る大規模再開発プロジェクトでした。私がこのプロジェクトに関わった最初のきっかけは、公園の新しいあり方を市民参加で模索する、ワークショップの講師としてでした。そのなかで公園や商業施設にある木々を活かすことや、街の木に新しい循環をつくるビジョンについて話をしました。

以降、プロジェクトを推進する町田市と東急株式会社の人たちにさまざまな提案をすることができ、公園で伐られた木々を市民の力で製材するイベントの実施、工事中の公園に市民を入れての苗木救出大作戦、市民の手による苗木の育成と、リニューアル後の公園への植樹、商業施設と公園の木々を木材として活かしての新施設づくりまでが実現し、都市林業にとっては思い描いていた都市森林の循環を、同じ場所でぐるっと一周させることができた、はじめての大きな事例となりました。

## 「前例がない」から「やってみよう」へ

南町田でのことを思い出すと、一番印象的だったのはプロジェクトに関わる人たちの挑戦する姿勢でした。当時はいまよりもはるかに、都市林業や街の木を活かすという考えが世間に知られていない状況でした。私の都市林業は、民間の木々で事例をつくることを積み重ねていましたが、公園や街路樹などの公共の木々については、ほとんど手が出せない状況が続いていました。それは仕事としてはもちろん、仕事ではなく、公園で伐っている木をこちらの責任と費用で活用するので許可をくださいということでも、実行できない壁があったのです。公園や街路樹から出る伐採木は、それがたとえお金を払って処分をしに行くものであっても、一企業、一団体、一個人に便宜を図って流すわけにはいかない。どこかに不法投棄されてしまうかもしれないし、その木でなにか売り物でもつくって商売をされても困ると。この対応は正しいのですが、ともかくほかに前例がないと言われて、公園の木や街路樹を木材として活用できずにいたのです。町田市以前にも、別の自治体でも提案をしたことは何度もあったのですが、そのなかで実現できたのはせいぜい小規模な体験イベントを実施する程度のことでした。

どこもそうですが、とりわけ自治体の事業では前例がないことをするのが難しい。街の木のあり方を変えようという提案もそうでした。たしかにいい考えですね、私も課題だと思っています、だけど前例がないからできない、伐採はいつもしているので発注できるが、伐った木の活用を発注したことはない、前例がないので参考にできる仕様書もそのための予算もない。「どこかでやっているところがあるのですか」ともよく聞かれた。またそもそも、自治体の担当者に新しいことに挑戦して成果を出すインセンティブがあるかと言えば、普通はあまりないのだろうと思います。南町田のプロジェクトは町田市と東急株式会社による官民一体となってのものですが、木が関わる文脈においては町田市のほうに重心がありました。商業施設の木々もありましたが、公園のほうがはるかに木が多く、整備エリアに含まれる道路の街路樹も市の管轄です。

なぜ町田市では、「前例がない」が覆されて「やってみよう」になったのか。私が自分の側の良かったと思われることを述べるとすれば、夢のある提案をできたこと。その上で夢が夢ではなく、やればできることだと信じられる根拠をつくっていたことです。部分部分のものや規模が小さいものでも、提案に含まれる要素についてすでに実施例をつくっていて、やればできることだと明確に示せたこと。すなわち夢の投げっぱなしではなく、根拠ある実現可能な提案をできたことだと思います。そしてより抽象度を上げて言うならば、相手を信じたこと。自分の前にいる人たちは悪い意味での役人的な人たちではなく、夢も希望も、新しいことに挑戦する気概もある人たちだ。なんの根拠もないけれど、私は勝手にそう信じて会議室に入室し、自分たちがいまから検討するのは、伐採木でベンチをつくるとかそんな瑣末な話ではなくて、街の木のあり方そのものを大きく変える可能性を持つはじめての事例を、ここにいる我々でつくろうという話をしました。はたして南町田のプロジェクトに関わる人たちは、町田市の人たちも東急の人たちも、挑戦することを厭いませんでした。こんな巨大プロジェクトを普通に進めるだけでも気が遠くなりそうなのに、まして責任ある立場であればそのプレッシャーだってものすごいだろうに、そこにさらに都市林業などという挑戦を上乗せすることを決断したのです。

もうすでに工事ははじめられていて、木は伐られはじめていたタイミングで木を活用することが決断されました。そこから大急ぎで、膨大な伐採対象樹木のなかから木材にする木々の選定を行い、搬出や製材などの作業を進めていきました。商業施設で育った木々、公園で育った木々、そして街路樹。急ピッチで進められる解体や伐採作業に追いたてられながら、活用できそうな木々を可能な限り工事現場から回収していきました。

樹木診断。プロジェクトのなかで伐採対象樹木のなかからどの木を活かすのかを決めていく。木材としては一般的に知られていない樹種が多く、また木材にするにあたって支障も多い木々のなかから、プロジェクトの趣旨や予算内で最も効果的に活きる個体を選定し、伐採作業その他の段取りも決めていく。

## 製材ワークショップ——街のこれからにつながる木材を地域住民の力でつくる

南町田でも住民参加のプロセスを設けることを提案し、その第一弾として製材ワークショップを実施しました。製材ワークショップというのは、街で大きな木が伐られたら、その木のもとに関係者や地域の人たちが集まってみんなの力で製材しようというものです。

大きな木やたくさんの木々が伐られて、なんだか工事をしているなと思っていたらある日突然景色が変わっていた、となるのではなくて、地域の人々がその過程に立ち会い、自分たちでできることをして街のこれからにつながる木材をつくるのです。

街の大木はその土地の数十年、百年にわたる物語を見つめながら、長くその土地の景観をつくってきたものです。そんな街の木を伐る時に、そのもとにみんなが集まり力を合わせる。その木を街のこれからに活かすために、自分たちでできることをする。大木の丸太という大きな自然の賜物とがっぷり四つで組み合って力を尽くし、その木を感じ、その木とその木が見つめてきた土地の話を聴き、また話し、共に取り組む人たちと特別な時間を共有するのです。

集まった人たちは、重く硬く手強い大木と一日がかりの取っ組み合いをします。丸太を動かすこと、その重さ、そのコツ、その工夫、その道具、皮を剥くこと、剥く時のシワシワという音、漂う香り、てらてらと光る木の地肌、湯気が立ち上るかのような生き物感、大きな鉄のノコギリ、それを挽く、

製材ワークショップの様子。

力を入れて挽く、全身を使って挽く、交代交代、みんなで挽いて挽いて、ついにあらわになる木の内側、その色、その木目、歳月がつくり出した模様、成長の途中でなにがあったのか、枝を折られたり切られたり虫に食われたり、傷ついて闘った痕があるかもしれない、特別に美しい杢《もく》を表すかもしれない。製材ワークショップではそんなことごとを、自分たちの街で育った木々のもとに集まって一緒に体験していきます。

製材ワークショップに参加する人たちが目指すのは、結果的にそういうものも得られるとはいえ、自分が学びを得たりなにか木材や木工品をもらうなど、自分が得をすることではありません。製材ワークショップという取り組みを思いついた当初は、参加者を集められるか不安でしたので、参加者自身にメリットがありそうなことをたくさんならべて参加者募集の告知をしたものでした。ですがやってみると、そんなことは必要なく、むしろ良くないのだと気がつきました。製材ワークショップで最初に共有するのは、自分たちが力を出して、自分たちの街のためになることをしようということです。地域のために誰かと一緒に取り組んだ思い出ができると、その場所は特別な意味のある場所に変わります。私自身、製材ワークショップをするたびに思い入れのある場所が増え、特別な思い出を共にする戦友のように感じられる人が増え、地域への愛着が増していきました。こうしたことがその地域の未来を力強いものにする。製材ワークショップでつくるのは、木材だけではありません。木は伐られてもそれで終わりではありません。その木があったおかげで人がつながり、そのなかからまた新しい物語がはじまって街は続いていくのです。

## 都市森林の縮図のような空間を

木材にすべく回収しておいた、公園の木々や街路樹、商業施設で育った木々を使って、公園と商業施設とをつなぐエリアにつくられた新しい施設（パークライフ棟）のエントランスと、施設の半分近いスペースを占める図書館をつくることになりました。これをつくるにあたっては、現地で回収した木々を総動員しましたが、それでも足りない材については、私のほうで別途集めていた東京都および神奈川県の街の木々で補いました。

エントランスの壁はおよそ四〇〇人の市民が、さまざまな樹種の木を加工してできたもの。虫食いや傷みが多く、長い材を得られなかった街路樹のケヤキは短い材でつくれる背の低い本棚に。大きめの本棚は、公園の大木で樹形が良かったシラカシで。高さが一番の大木であったムクノキではメインの大テーブル、太さが一番であったクスノキはその軽さを活かして動かすことの多いイベントスペース用の机になりました。ソメイヨシノは摩耗に強い性質を活かして受付カウンター、商業施設で育ったエノキはソファに、メタセコイアはヒマラヤスギと組み合わせて大きな本棚になりました。たくさんある椅子も一脚一脚が違う樹種でできており、結果的に五〇を超える樹種が一連の空間に集まって、街の木々＝都市森林の縮図のような空間ができました。ここに来れば、街で見かけるほとんどの木が木材になった姿を見ることができる。それらの木々のすべてが、私たちが自分たちの街で育てたもの。それを活かす過程にはたくさんの市民や関係者が関わった。街の物語のなかから私たちの時代、私たちの街ならではの空間が誕生したのです。

## 苗木づくり大作戦

南町田では、市民参加による苗木づくりや育成、植樹の取り組みも行いました。「苗木づくり大作戦」と銘打ったイベントで、すでに工事がはじまり、仮囲いで覆われて見えなくなっていた公園のなかに住民たちが入って、これから伐採される木々の足元に生えていた実生《みしょう》の幼木などを探して救出。得られた苗は各自で持ち帰り、二年後、またその苗木を持って集まって、整備を終えた公園に植樹するという計画です。市民はもちろん市の職員も東急の人たちも分け隔てなく取り組んで、公園の一角のかなりの広さのスペースに新しい幼い森ができました。そのなかには、製材ワークショップで製材したクスノキの幼木ももちろんあって、植樹から数年が経ったいま、多くの木々がすでに我々の背丈よりも大きく育ってきています。

こうした苗木づくりや植樹の取り組みは、元々は街の木々の伐採反対運動が激化していた現場に関わった時に考案し、はじめたことでした。木を伐る伐らないで揉めてしまうのは、せっかく育ててきた木からはじまる物語としてこれほどつまらないことはありません。都市林業の取り組みでは、木を残してほしいとか移植してほしいとか、誰かに要求する前に、自分でできることからはじめることを大切にしています。そしてまた、立場にかかわらず一緒に取り組めることを考えます。こうした場合、意見をぶつけ合っても対立的な構図のままですが、共に現場の木を見に行こうということであれば、

「苗木づくり大作戦」の様子。

とりあえず一緒に歩いて、同じものを見てまわることができるでしょう。そんな簡単なことでもいいので、一緒にできることからはじめるのです。説明する側とされる側、であるとか、要求する側とされる側、といった構図からはじめるべきではありません。

そのような考えで思いついたのが、伐採予定となっている大きな木々の足元で勝手に芽を出している、実生の幼木を自分たちで救出して育ててはどうかということでした。これであれば、伐採賛成派も反対派もとりあえず一緒にできる。その後、木を伐ることになろうと伐るのが中止になろうと、やっておいて双方損はありません。大きな木の移植と違って費用もかかりませんし、子どもでも一緒にできる。実生苗木（伐採される木の子どもかもしれない木々）を探して救出し、種やドングリを探したり挿木をしたり、そういうことにみんなで取り組み次の世代の苗木を育て、また植えられる機会が来たらそれを持って集まりましょうと。その時、反対の声が聞き入れられて既存の木が残っていたらそれはそれで良いですし、予定通り伐ることになったのであれば、育てた苗木を植えれば良いでしょうと。街の木は対立の起点になるのではなく、人々が出会い、共に取り組む起点にこそなるべきです。誰かを責めたりなにかをせよと要求したりすることには、慎重になるべきと思います。対立や闘争よりも、小さなことでも良いので、誰もが一緒にできることからはじめたほうが、楽しい物語ができるのです。

南町田の物語とは直接関係がありませんが、反対運動が起こっていた現場で考案し、実施した別のプログラムもここで紹介しておこうと思います。その現場では伐採反対の運動が大きくなって工事は中断、当初伐採予定であった木々をできるだけ残したり移植したりすることを求めて署名集めなどが行われ、混迷を極めた状況になっていました。そこで、反対派も賛成派もどちらでもない人も、既存の木々がどれだけ残ろうと移植されようとすべて伐採されようと、どうであれやっておいて損のないことをしましょうということで、「樹木カルテをつくろう！」というイベントを考えました。

「樹木カルテ」は、その時に私が考案したもので、自分たちでつくる木の図鑑のフォーマットです。樹種ごとに一般的な図鑑に載っていることに加えて、木材や食材などあらゆる面での活用に関すること、たとえば木材としての性質や歴史上見られた用途、燃料としてはどうか、どんなキノコが生えるか、木材チップは燻製料理用のチップになるか、などあらゆる活用に関することや、育成や管理について、さらには動物や昆虫や菌類など生き物との関わりなどさまざまなことを書く欄が設けられています。またカレンダーもついていて、四季折々にその木にどんなことが起こるかも書き込めるようになっています。

樹木カルテづくりの参加者は、数名ずつグループになって反対運動の焦点になっている木々の樹種ごとにカルテを作成していきます。会場にはたくさんの木や生き物の本や資料を用意し、またネットも使って調べながら樹木カルテに書き込みます。実際の木を見に行って、講師（ファシリテーター）

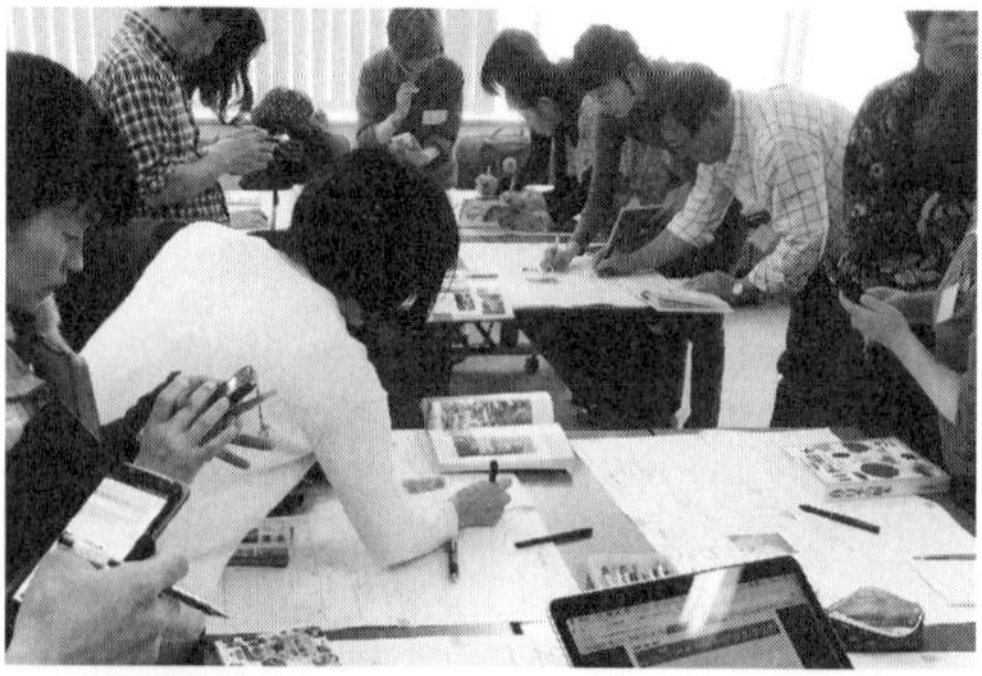

「樹木カルテ」づくりに取り組む参加者。

ソメイヨシノの樹木カルテ。

のガイドのもと木を観察したり写真を撮ったりスケッチをしたり、カルテに貼りつけられそうな葉っぱや種などがあればそれも採取します。

そうして作業を進めていくと、参加した人たちは自分たちが大切と考えている木々について、その実、ほとんどなにも知らなかったことに気がつきます。大切だと考えていたはずの木の名前すら覚束なかったこと、実際は木の一本一本がどんな状態にあるのか、その木がどんな環境を望んでいるのか、どんな花がいつ頃に咲いていたのか、実は食べられるのか食べられないのか、等々、立場や意見が違っていても、一緒に学びながら現物の木を見て、考え、手を動かすことで、実際の木に関するリテラシーが格段に高まっていくのです。樹木カルテをつくることで得た気づきや知識は、反対運動の帰結がどうなろうと、その現場の木々と楽しく関わり、合理的な維持管理を実現することに役立ちます。

伐採や大規模な緑地整備に際しての合意形成やファシリテーションでは、意見や主張を言い合ったり、「反対」を唱える人たちに対して言い訳じみた移植や木材活用を提案したりするよりも、「街を良くする」という誰もが共有できる志に根ざした小さな取り組みを、開発の関係者も自治体の担当者も地域住民も、立場に関係なく混ぜこぜで一緒に行うことが大切です。対立からはじめず、一緒に取り組めることからはじめることで、立場や意見が異なる相手と向かい合って座るだけではなくなって、同じ現実を見て学ぶことで知見を得られます。知見が共有されるとそう違った結論にはならないもので、反対運動の現場でありがちな無理な移植など、不合理な結論に向かうことも少なくなるのです。

## 一巡できた後の難しさ

話を南町田に戻しましょう。南町田では、本当にたくさんのことを実現することができました。街の木を活用して、住民参加の機会を設けながら、街の人々が集まる施設をつくること。住民参加で苗木をつくり、育ててまた公園に植えること。数百人の市民と関係者が一緒に取り組む、挑戦の物語。

南町田では、思い描いていた新しい街の木の循環の、最初の一周目がぐるっと理想的な形で実現したのです。

そうして見えてきたのが、二周目の難しさでした。二周目というのは、なにもまたたくさんの木を伐って木材にしたり、派手なイベントを開催したり、フルサイズで取り組みを展開しようとか、そんなことを言っているのではありません。公園や街路樹や商業施設の木々との関わり方が、いろいろと変わってきたなということが、それなりに続いてくれたらということです。数年にわたった取り組みが一巡して、街の木でできた施設もオープンして大団円。こういうのを続けていきたいですねと盛り上がったものの、放っておくとこれまでと変わらぬ日常に戻ってしまうのです。志と物語を共有していた担当職員たちが次々と異動してしまうのは、はじめからわかっていたことでした。公園も指定管理者の管理となって、そこで働いている人たちはここでどのようなことが起こっていまがあるのか、その物語を知りません。みんなで植樹してできた幼い森の手入れをしたり、そこの木々に樹名板をつけたり、果実などさまざまな恵みをいただいて楽しむといったことを、毎年、当たり前のようにできたらいいですね、と言っていたのに、その程度のことすらままならない。誰かが妨害しているとか、大きな予算が必要だとか、そういうことではないのにもかかわらず。

たくさんの木々を活かしてつくった図書館も、こうした施設の常でガラス張りの部分が多く、日差しが眩しく過ごしづらい時間帯が長くある（建設段階からたびたび指摘しましたが、効果的な措置はとられなかった)。その窓の前には広い土のスペースがあるので、ここに市民参加で木を植えて遮光できるようにしたい。苗木は工事現場から救出して育ててきたものがまだあるし、大したお金はかからない。ボランティアでやってもいい。私もそこまでは、何度か声を上げました。でも自ら、そのスペースに関わる複数の会社や市の担当者に連絡をとって本気でさまざまな調整をして、やらせてくださいと頭まで下げてまわるかといえば、そこまではしていないのです。なまじ素人ではなく仕事として関わっていた経緯もあるので、あれをしましょうこれをしましょうと声を上げることには、営業活動なのではないかととられかねない不安もある。

もちろん、そうした状況にまったく抗ってこなかったわけではありません。南町田でも、ここでの取り組みを改めて知ってくださった公園の指定管理者側からの動きがあり、協力しながら再び取り組みを盛り上げようと試みました。市民の方々に呼びかけ、南町田の木々でつくった図書館にそこで使われている樹種の魅力を伝えるPOPを設置したり、新たに追加した什器を市民参加で仕上げたりといったことを行いました。公園に植樹してできた幼い森での樹木観察会も開きましたが、植えた時には小さかった木々の多くが我々の背丈以上の立派な

図書館に設置したPOP。

木に育ち、「樹名板を設置したい」「草刈りや手入れをしたい」と参加者からは声が上がります。こうした声を大事にしながら、また盛りたてていきたいねとなったわけですが、そうした萌芽的な動きを一緒にできた指定管理者の方もまた、異動していなくなり、この先どうなるかはわかりません。

誤解してほしくないのですが、こうしたことに関して憤っているわけではありません。せっかく一周目を頑張ったのに勿体無いという思いは強くありますが、そう思うのであればやはり自分が動くしかないのだと、この章を書いていて気づかされました。思うようになっていないことを他人（市や指定管理者）のせいにしても仕方ありません。異動してしまったけれど、取り組みを続けようと一緒に頑張ってくれた指定管理者の人もいたのです。

リニューアルされた公園での植樹イベントの様子。植えられた苗木は、苗木づくり大作戦で工事現場から救出し、工事期間中、住民たちが各自で持ち帰って育てたもの。

担当者にたまたま情熱があったから良かった、できた、ではない仕組みづくりが必要、という意見もありますが、現行の制度にやる気やアイデアがある人を抑えつける仕掛けがあるわけではないでしょう。その上で制度については、公園などの公共施設の多くは、二〇〇三年に創設された指定管理者制度に基づき、民間事業者によって管理・運営をされています。民間のノウハウを活かした質の高い運営とコスト削減を期待して導入された制度ですが、二〇年を経て、その限界や課題も指摘されているところです。役所出身の人が指定管理者にたくさんいて、不透明な契約が多いといった指摘がある自治体もありますが、わかりやすい悪役を叩いても、本当に良くなるかは怪しいと思います。業者同士の競争を激しくさせても、安くてかつ質の高いサービスという、明らかに矛盾した都合の良い理想が実現されるわけではないことを、私たちは学んできたはずです。

結局のところ、制度以前に大切なのは人なのだろうと思います。制度以前に、我々が職場で勝手につくってしまうムード、この程度をやっておけばＯＫだという相場観のほうが、よほど仕事をつまらなくしているのではないでしょうか。

いずれにしても、私も引き続き自分なりにできることをしていきたいと思います。市や指定管理者への働きかけはもちろん、南町田周辺あるいはそれ以外でも、木があって良かった！をつくることに取り組む人や団体とも連携できればと思っています。

樹木観察会の様子。

# 街の木（クセが強い材）の活かし方③

## ネタでくくって組み合わせる

都市林業のプロジェクトでは、街の木を活かして良かったということをなにか少しでもつくれないかとあらゆる側面から考えます。一般流通材を街の木に置き換えて、安くなるのではなく高くなるのであれば、その分、なにかしらプラスになることがなければと思うからです。事例紹介からもそれを感じていただければと思いますが、たとえば、ある敷地が舞台のプロジェクトにおいて、そこにある大きな木だけでなく、普通は木材にしようと思わないような小さな木々にも注目するのはそのためです。仕事として簡単なのは大きな木だけを扱うことですが、それではなかなか一般流通材でできることの範囲を超えられない。だから小さな木々にも注目して、なにか少しでも価値を乗せられないかと考えるのです。

事例紹介で取り上げたプロジェクトでも、たとえばキンモクセイやユズの木など、たくさんの細くて小さい木がプロジェクトの敷地にありました。そうした木々も活用できないかと考えるわけですが、そうした場合に往々にして起こるのが、それらの木から得られる木材が椅子一脚をつくるのにも量が足りないという事態です。私の場合は、普段から街の木を集めているので、たくさんの樹種の木材ストックを持っています。そうしたストックで足りない分を補って使うのはよくやることですが、補いたい樹種のストックがないことも往々にしてある。普通に流通しているような樹種ではないことがほとんどなので、市場から入手することも難しい。入手できるとしても、必要な大きさや予算の範囲で手に入るのかも、かなり怪しい。

こうしたいわゆるレア材を活かすにあたっては、無理に一つの樹種で一つのものをつくることにこだわらず、複数樹種を組み合わせることを考えます。組み合わせるにあたっては、色味や質感、強度のバランスに注意して組み合わせを考えるのはもちろん、なにかしらネタでくくって組み合わせるということをしています。

南町田の図書館では、広いスペースのなかに大きな窓に面したコーナーがいくつかあって、そこにそれぞれ小さなテーブル一台と、ゆったり座れる椅子を二脚ずつ配置しました。そしてその一つひとつのコーナーに紅葉が綺麗な木の特等席とか、食に関わる木の特等席といった感じでテーマを設けました。紅葉が綺麗な木の特等席では、テーブルの天板はカツラ、脚はイチョウ、列柱のような棒材にはドウダンツツジ、マユミ、ヒメシャラ、ナンテンを使用。椅子はイロハモミジ、トウカエデ、エノ

**写真上：**紅葉が綺麗な木の特等席。紅葉が鮮やかな木々の木材の色はどうなのか？ 期待に反しておとなしい色味の木材が多いが、ここでの例外はハゼノキで、驚くほど鮮やかな黄色い色をしている。／**写真下：**食に関わる木の特等席。

キ、ハゼノキと、すべて紅葉が美しい樹種を使用しています。食に関わる木の特等席では、テーブルの天板には実が美味しいクワ、脚は実をウォッカ漬けにすると素晴らしい香りになるカヤ、列柱のような棒材には、ブドウ、カリン、薬味としてお馴染みのサンショウ、ニッケイ、たくあんなどを黄色く染めるクチナシ、かつて味噌をつくる時に若葉を蓋に使ったアオキ（地方名：ミソバ、ミソブタ、ミソッパ）、枝を牛乳に刺しておくとヨーグルトができるサンシュユ、椅子にはナツミカン、ビワ、カキ、ウメの木材を組み合わせています。もちろん、材ごとに色や質感が異なりますので、その取り合い、組み合わせの調和には注意して、ガチャガチャとうるさくならないように気をつけます。このようにすることで、一樹種あたりの木材が少ない樹種も活かせるし、闇雲に別の樹種と組み合わせるよりも、テーマを設けることで面白がってくれる人がいるのではないかと期待したのです。

南町田の図書館では同様に、サクラの特等席ということで、ソメイヨシノ、ウワミズザクラ、ヤマザクラを組み合わせたり、あるいは、大きなテーブルに配置する椅子には、シラカシ、アカガシ、アラカシ、スダジイと、すべてドングリの木で製作したり、といったことをしています。

## 多様な材を多様な人の手で活かす

元々希少な樹種の材もそうですが、それなりの量を確保しやすい樹種であっても、たくさんの材を扱っていると、使いどころを見出しづらい材がたくさん出てきます。そうしたものの多くは、一見それなりの大きさがあったとしても構造的に問題になる欠点があったりするわけです。苦労して木材にしたものですので「端材」と呼ぶのには抵抗がありますが、こうした材ほど悩ましいものはありません。いつか活かせると思ってとっておくと、たまっていく一方でどんどん工房は狭くなっていく。本当は燃やして温まるか捨てるかしたほうが作業場も倉庫も片づいて稼げる体質になれるに違いないと、頭ではわかっていてもなかなかその通りに動けないものです。

製材所の人でも材木屋でも木工屋でも、木が好きで扱っている人というのは面白いもので、買ってきたものであれ競り落としたものであれ自分で製材したものであれ、とてもよくその材のことを覚えていて、いつか活きる時が来るかもと思いながら、倉庫や工房を使う予定のない木材で埋め尽くしてしまうのです。私も、どこの工事現場で、あるいはどのプロジェクトで手に入れて、どうやって製材して、その時どんなふうに感じた木なのか、一本の木からとれたたくさんの板のうちの最後の一枚、使いどころが難しい樹皮まじりの端っぺの一枚であったり、かなり小さな材だったりが残るだけになっても覚えています。「製材所に端材はない」と言った人がいましたが、この言葉は、端材をください、タダで譲ってもらえるいらない材はないですかと言ってくる人に対して、本当はこう言ってやりたいんだという話のなかで発せられた言葉でした。その気持ちは、木を集めてしまうビーバー体質の人間には痛いほどわかる。端材で溢れているように見える木工房でもそうですが、そういう材をお金に換えたいという事情があるのはもちろん、それ以上に心情的につらいのです。他人からは死蔵品かゴミのように見える木材も、立派な一枚板と同じように愛しい材なのです。

では、そういう材をどうするか。どうすれば活かすことができるのか。自分では発明だと思っているくらいうまくいったのが、木のレンガや木のタイルをつくって、住民や関係者の参加のプロセスのなかで加工して、街の施設づくりに参加してもらうというプログラムでした。

倉庫にある端材の山。

木でつくる過程に参加のプロセスを設ける場合に難しいのは、なんと言ってもプログラムづくりです。一番のハードルとして、参加者に怪我をさせられないことがまずあります。誰でも参加可能な形で行う公共のプロジェクトでは、ある程度の怪我は自己責任、というのはなかなか通らない話です。その上で参加者の技量のばらつきがとても大きい。とりわけ小さい子どもは心配されますが、実際のところ大人であってもものすごく技量に差があって、仮に参加者を大人に絞ったとしても事態はあまり変わりません。木は硬く、きちんと加工するのがとても難しい素材で、加工に使う道具の多くは刃物です。また、これは予算の問題ですが、参加者に目を配るスタッフの数も、大抵は制限がかかってしまう。自分のものをつくって持ち帰るという通常の木工体験イベントでもそうですが、楽しく、学びがあり、つくったものにも満足できるプログラムを用意するのはとても難しいことなのです。都市林業の場合、基本的にはみんなでつくったものが街で使われるプログラムをつくりたいのですが、できあがったものが素人丸出しのグダグダな出来であってはそれも良くない。

小さな子どもから大人まで、怪我の心配なく参加できて、経験や技量がある人はあるなりに、ない人はないなりに活躍できて、楽しく満足感があり、つくったものの見栄えも良くしたい。この条件に適うものとして考えたのが、木の装飾レンガをつくって施設の壁面を仕上げるというプログラムでした。このプログラムで使う工具は基本的にカンナと木工ヤスリ、サンドペーパー。カンナは誰でも知っている代表的な木工工具で、刃物ですが刃として出ている部分は一ミリもないくらいなので、万一、怪我をしても大したことにはなりません。その上で、本格的な工具であるカンナを使えるという満足感や学びがある。安物ではなくきちんとした本物のカンナをたくさん用意して使ってもらいます。カンナという道具は間口が広くて奥もうんと深いので、興味や経験がある人にはいくらでも高度な解説や指導をできる。カンナで加工を終えても良いですし、ヤスリなどでもっと表情をつけてもいい。未就学児から参加でき、思い思いの模様をつけ、技量のばらつきがあっても、全体としてできあがってみるとほとんど気にならない。木材の樹種や表情がバラバラなこともそうですが、加工の具合やつくり込み、模様をつけたりつけなかったり、バラバラであることがかえって魅力になってくる。このプログラムは何度か実施していますが、たとえば南町田の場合には、長い再開発工事の完了を告げる街開きイベントを最終回として、そこに至るまでに何度か、子どもたちや市民が集まる場所でイベントを行い、たくさんの人が一枚ずつ、思い思いの部材をつくっていきました。最終回、街開き当日にはあまりの人気で長蛇の列ができ、四〇〇人を超える市民や関係者が参加して新しい施設のエントランスができました。この時もそうでしたが、分散して何度か加工のイベントを行うようであれば、その時々の参加者によっては、彫刻刀や小刀など、多少怪我をする恐れがあっても、それらの工具を使って表面に彫刻を施すなど、もっと時間と手間をかけることも可能です。間口が広くて奥行きも深く、多樹種の中途半端な材をすべて活かせるプログラムになりました。

## 南町田のグランベリーパークウッドブロックワークショップの様子

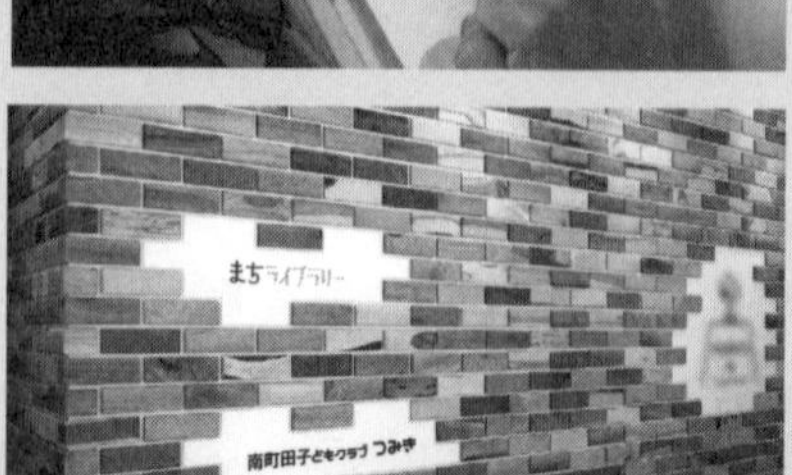


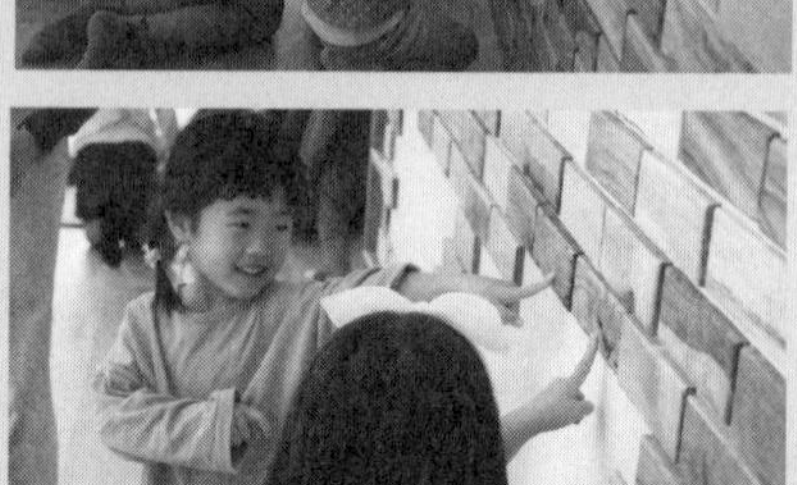

こうしてできた建物も、何十年後かには取り壊されることがあるかもしれません。勝手に期待していることですが、そんな時には、このプログラムに参加した人たちがまた何人かでも集まって、これを剥がして別のところに貼ってもらえたらと思います。同窓会のように再び交流が生まれたり、その時はその時で新しい参加者もいて、彼らも新たなをピースをつくったりして、また新たな街の物語が、街の木をきっかけに生まれてくれたらと思います。

### 最後の最後まで活かし切る

木の装飾レンガと同じ発想ですが、より部材が小さく、したがって、レンガすらもつくれない小さな端材を活かしてつくっているのが、「木タイル」と呼んでいる三〇ミリを基準にした小さな部材です。これにはサイズが数種ありますが、正方形と、長方形の場合は黄金比に基づくサイズになっています。木のレンガ同様、やはり多樹種で色とりどりであることが魅力になる。こちらは壁などに貼り込んでも良いですし、家具など什器の装飾にも活用できます。使う工具はカンナ、もしくは面取りカンナ、サンドペーパー。一枚を加工するのにかかる時間がレンガよりもはるかに短いので、参加する場合の一人あたりの所要時間を調整しやすく、たとえば一日中参加しても良いですし、通りがかりでほんの数分という感じでも参加できる。このプログラムもあちこちで行いましたが、これまでで一番参加人

令和３年度から実施してきた、本庁舎等整備に伴い伐採されたケヤキ等の樹木を活かす取組みが、いよいよフィナーレを迎えます。集大成となる今回のワークショップでは、これまで区民の皆さんと一緒に伐採や製材をしてきた木々で製作されたテーブルや椅子等の仕上げ作業を行ないます。約6000ピースの木のタイルを作り、貼り付ける作業には多くの方のご協力が必要です。つくる喜びを楽しみながら新しい区庁舎の物語の１ページをご一緒に描きませんか？
皆様のご参加をお待ちしています！
世田谷区役所
新庁舎の家具をみんなで完成させよう！
区庁舎で育った樹木が、交流スペースで長く使われていく無垢の家具に大変身！
開催日時：令和6年1月19日(金)・20日(土)・21日(日)
各日、9:00~12:30 と 13:30~17:00 の２部制
場所：世田谷区庁舎第三庁舎
「つくる」って楽しい！当日の作業工程
講師：都市森林株式会社 湧口善之（ゆぐち よしゆき）
①木タイルの仕分け
街でよく見かける木からつくられた色とりどりのタイル
タイルの種類は50樹種以上！木材博士になれるかも！？
②カンナ掛け
カンナで面取りをしながら木の性質や道具の使い方も学べます
子どもから大人まで経験がなくてもOK！
③模様のデザイン
色や模様をよく見てバランスよく並べてみよう
木の表情はそれぞれ違って面白いよ！
④貼付け
3日間で貼り付けるタイルは約6000ピース！
たくさんの方の
必要です！
⑤塗装
貼付けが終わった家具に仕上げの塗装
長く使っていくために耐久性をアップ！
⑥完成！
完成した家具は新庁舎で使われます
参加費：無料
対象：世田谷区在住 在学、在勤の方
参加方法：申込制
申込みはこちらから▶
※画像はイメージです。実際の家具とは異なります

数が多かったのは、世田谷区庁舎のオープンスペースで使う家具づくりのプログラムで、およそ五〇樹種、合計六〇〇〇ピースのタイルを一〇〇人を超える区民参加者と共に製作し、たくさんの家具を完成させました。

木のレンガでも木のタイルでも同様ですが、これをもしプロの手だけでやるのだとしたら、単なる装飾のための装飾にしかならないし、当然ですが手間賃も多くかかって、まったく説得力がありません。たくさんの人が参加して、それぞれに力を出して、自分たちの街の大事な施設をつくるから面白いのです。街の木だからこそ自然な流れでたくさんの樹種を使えて、小さな子どもから大人まで、多様な

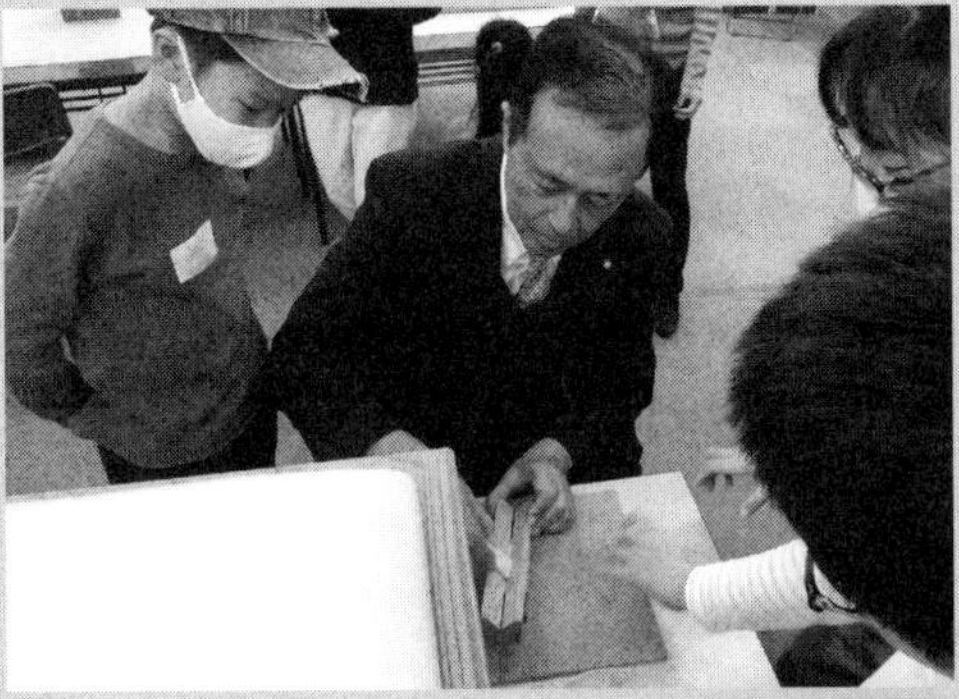

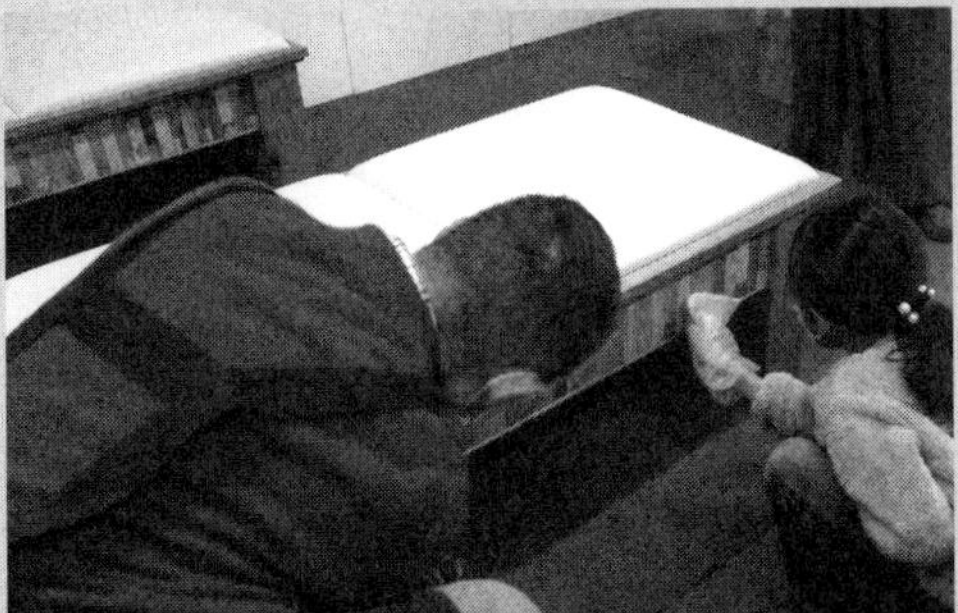

世田谷区長に作業を教える子どもたち（**写真上**）と、塗装の様子（**写真下**）。

人が一緒に取り組んで完成させる。私たちのようなプロや業者も、地域の人たちも職員も、みんな分け隔てなく、魅力的な街をつくろうという想いを共有して頑張るから面白いのです。六〇〇〇ピース！と聞くと最初は終わりが見えないような感じがして目眩《めまい》がしますが、一つひとつの作業をコツコツとやっていけば良く、誰もが力になれる。一枚一枚カンナがけをして、模様を考えて貼りつけて、どんどん完成に近づいていく。ある程度作業をして習熟した人は、そうでない人に教えたりサポートしたりといったことを自ずとしはじめる。子どもたちは手があくと、「もっとお仕事ないですか」と聞いてくれたり、最初はスタッフがしていた掃除などの裏方作業をいつのまにか当たり前のようにしてくれていたりする。そうしてたくさんの人が関わってできた街の施設が、みんなに使われる。この作業に参加した人は、きっとなにかの手続きがあって区庁舎を訪れる場合でも、面倒と思うだけでなく、ちょっと行くのが楽しみと思えるのではないでしょうか。

## 事例紹介③　湘南リトルツリー&ともしびショップの物語

### 障がい者支援に取り組む福祉法人が運営するお店

神奈川県平塚市と大磯町の境にある丘陵の山頂一帯で、相模湾を一望できる景勝地になっている湘南平。その一角にある福祉のお店、ともしびショップ湘南平をリニューアルするプロジェクトの相談をいただいたのは、二〇一七年のことでした。同店を運営する社会福祉法人進和学園は、障がい者を支援する取り組みを六〇年以上続けてきた、神奈川県内最大規模の社会福祉法人です。一九六二年に開店したともしびショップは、障がいのある人たちの就労の場であり、彼らが製作した作品や製品の販売スペースとカフェを併設。五〇年にわたり営業を続けてきましたが、近年では売り上げが低迷し、二〇一六年にはカフェ部門の休止を余儀なくされていました。限られた人しか訪れなくなってしまったお店を再び人が集まる場所にしたい、というのがこのプロジェクトの発端でした。

打ち合わせのなかで、進和学園側から出された要望は以下のようなことでした。リニューアル後のお店には、障がい者や福祉関係者にとどまらず、分け隔てなくたくさんの人が来てくれる場所にしたい。売り上げがなくても潰れないという、福祉的運営に甘んじたくない。障がいや福祉を前面に出すと一般の人が来づらくなることはわかっている。そうした問題意識があればこそそのリニューアルの決断だ。しかし、だからと言ってただオシャレなカフェをつくって繁盛しても、それで成功とは言えない。障がいのある人たちやその家族が、いままでと変わらず気兼ねなく集える場所でもあってほしい。ハンディのある人たちが中心にあることを忘れずに、共に生きる社会を心から実感できて、誰もが心地よく過ごせるお店にしたい。

## 投資成立の糸口を探す

打ち合わせや調査のためにお店に滞在していても、お客さんは一人も入ってこない。福祉のお店云々以前に、そもそも目の前の道を通る人や車が多くないのです。どうしたらお店を改修するという投資に応えられるのか。街の木を活かす活かさない以前に、とても難しく感じられました。

ここでどのように街の木は役に立てるのか。お店をつくろうという人は、当然ですが繁盛するお店がほしい。そのお店の椅子や柱がどの国や地域の木材でつくられたかに、関心がある人も稀にいないわけではないですが、普通は建物や家具の素材が国産材だろうと街の木だろうと、お客様は気にしません。気になるのは素敵なお店であるのかどうかです。素敵なお店をつくるにあたって、同じデザインと性能であれば安価なほうがいい。街の木を使うくらいお金をかけられるのであれば、ウォルナットだろうとメープルだろうとなんでも使える。それどころか名作家具の正規品を購入しておけば、一〇年後にお店を閉めるとなっても中古市場で売ることができる。それが平場の事情であって、そこで選ばれない、成立できないのであれば、街の木を提案する意味がありません。都市林業は投資にならなければはじまらない。都市林業を成立させたいという自分勝手な事情を抱える私は、だからこそ、自分の事情を相手に押しつけることに慎重です。都市林業は自己実現や木工産業の新たな受注開拓のためではなく、誰かを喜ばせたいという想いが先にあって取り組むべきものです。

相手を喜ばせるためのヒント、すなわち投資を成立させるためのヒントは、大抵は自分のなかにではなく相手のなかにこそあります。先に紹介したさくら花見堂でも南町田グランベリーパークでもそうですが、街の木の取り組みをしているからこそ呼んでいただけた場で、私がまずすることは、木の話や自分の取り組みの話の前に、あなたたちは何者なのかと問うことです。花見堂では、地域の人たちが何者であるのかが、そのまま表現されることをしただけでした。南町田では、先方の挑戦する姿勢を信頼すればそれで良かった。湘南平でのプロジェクトはその二例に先立つものですが、この時もまた進和学園について知ることが、投資に応える糸口を見つけることにつながりました。

進和学園について詳しく知るために、さまざまな施設や取り組みを視察しました。まず印象的だったのは、行く先々で出会う障がいのある人たちがとても楽しそうに見えたことでした。就労支援施設で作業に集中していた人たちも、休憩や食事の時間になると、とてもリラックスした様子で笑顔が絶えませんでした。これまでこうした場所を訪れたことがなく、はじめはそんなものかという印象を持つだけでしたが、何度も訪れているうちに見えてきたことがありました。

たとえばホンダの自動車部品を組み立てている施設では、就労継続支援A型（雇用型）とB型（非雇用型）の方々が能力に応じて、一つの職場で一緒に作業をしていました。制度上、雇用型のA型とはすなわち労働者であり、B型は訓練生なのです。通常、A型とB型は、別々の施設で運営するのが一般的であるにもかかわらず、進和学園は両者が分かれているのが当たり前という制度への挑戦を、最も厳しい品質管理が求められる自動車部品の組み立てで行っていたのです。労働と福祉が隔てられるのはおかしい。福祉的なサポートを必要とする度合いが強いB型であっても、働く者としての権利ややりがいがあるべきだ。福祉で助けられるばかりの存在ではなく、労働を通じて誰かの役に立っているという事実と手応えがあるべきだ、というのです。そのことが、障がいのある人本人はもとより家族にどれだけの勇気を与えていることか。そんなチャレンジの現在地点が、私が繰り返し見ていた笑顔の溢れる現場だったのです。毎日膨大な量の部品をつくっているにもかかわらず、何ヶ月も不良品ゼロを更新中で、こうした施設の平均よりもずっと高い工賃の支払いを実現していて、その背景にあるのがこんな挑戦だったのだと理解できた時の感動はとても大きなものでした。

また、加工食品をつくっている施設では、必要な手間を一切省かず、本当に美味しいジュースやジャムを丁寧につくっていました。驚いたのはその売り方で、ほとんど障がい云々は見せていないのです。

障がい云々は関係ない、良いものをつくったので購入してくださいという姿勢です。進和学園は、福祉だからとか障がい者がつくったものだから買ってくださいではなくて、品質や魅力や価格、選んでくれた人をどうすれば喜ばせられるかに心を砕き、勝負していました。この姿勢は、私自身が街の木の活用に取り組むにあたって、そうありたいと意識していたことと完全に重なるものでした。

進和学園の取り組みと、都市林業の取り組みで、重なって見えたことはほかにもありました。木材の世界と障がいのある方を取り巻く世界、いやもっと言えば人間一般の世界は、個性が欠点にも魅力にもなり得るということにおいて、とても似ていると思われました。節も曲がりも枝分かれも虫食いも、同じ樹種なのに色味が揃わないことも、みんな欠点になるのが木材の世界です。そうした欠点は、もちろんうまくすれば魅力にもなりますが、個性を活かすのは簡単ではありません。街の木は欠点、すなわち個性がありすぎるので使いづらく、だからこそ一般に木材として活かされることがありませんでした。その利用の仕方は個性が関係ない方法、破砕して正体をなくして均一にするチップか、燃やして燃料にすることでした。個性を活かそうと綺麗ごとを言うのは簡単ですが、それを成立させるのは容易なことではありません。にもかかわらず、進和学園は挑戦を続けていたのです。

## 個性を集めて調和をつくる

「お店がただ格好良くなるだけではダメ」という、当初難しく思われた課題への応え方は、進和学園の取り組みへの理解が進むにつれて、自ずから定まっていきました。目指すのは、進和学園がつくろうとしてきた世界を見える化した空間をつくること。

進和学園が障がいのある人の個性を活かそうと取り組みを続けていること、とらえようによっては欠点と言われるような個性を活かして、誰かを喜ばせられるものをつくろうとしているように、街の木という個性の塊のような素材を使って、訪れる人を喜ばせられる空間をつくろうと考えました。多様な個性が消されずに当たり前のように調和して、静かで、それでいて活気があり、訪れる人がリラックスできるような空間です。

進和学園から相談をいただいたことになにか運命的なものを感じつつ、「欠点だらけと言われる街の木の個性を集めてつくる調和の空間が、訪れる人を幸せにする、そんなお店をつくります。その空間はきっと、進和学園が目指す世界を象徴するものになるはずです」とプレゼンを行ったのは、はじめて現場を訪れた三ヶ月後のことでした。

## いまここにあるものでつくる、からこそできること

湘南リトルツリー&ともしびショップでは、私が以前から集めてストックしていた、主に神奈川県と東京都の街の木々を使用しました。そのなかには、96ページで触れた個人邸の庭の木など、自分で使う予定はないけれど、木材として活かしてほしいからということで、伐採を依頼された木々も入っています。こうしたお店などで自分が育てた木が活かされているのを見に行けたり、行った先でその木のことを話せたり、そうしたこともまた、木を育てて良かったにつながります。進和学園では、障がいのある人たちの仕事の一つとして、植樹用の苗木の生産もしていましたので、その苗木を、木材となった木を育ててくださった方の庭に提供するといった交流もできました。

こうしたことは、プロジェクトの根幹ではないサイドストーリーととらえることもできますが、私はもっとはるかに重要なことと感じています。仕事として考えると、契約書に履行すべきこととして書かれているわけではないですし、お金が動くわけでもありません。それでも常に、なにか少しでも街の木を活かして良かったと思えることを増やせないかと考えて、取り組んでいくことが大事だと思います。街の木を活かして、たとえば木材にして、木工品をつくってそれで終わりではなくて、そこからもう一歩でも半歩でもなにか工夫をして、投資の効果を高められそうであればやってみます。「お宅で○年前に伐らせていただいた木を、こちらで活かすことができました」と写真を送り、実際にそ

の場を案内したり、誰かを喜ばせられそうなことがあったらやってみる。誰かが喜んだり感激している姿を見られれば、お店の人たちも喜びます。その誰かが、お店をつくるのに使った木を育てた人だとわかったら、「使わせていただきました」と自然と感謝の言葉も出る。木がなくなって寂しく思っていたり、伐採にもお金がかかって大変だったと感じていても、少しは木を育てた甲斐があったと思えます。こうしたことの積み重ねが、シンプルに力強く、街の木を「負債」から「資産」に変えることにつながっていくのです。

私たちの仕事や取り組みは木を活かすことではなく、木を活かして誰かを喜ばせることです。木工品をつくるのが仕事ではなく、木工品をつくって誰かを喜ばせることです。誰かを喜ばせるという成果を出すためにどこまで踏み込むか。それは俺たちの仕事じゃない、建築家の仕事じゃない、庭師の仕事じゃない、木工家の仕事じゃない、と言ってしまうことは簡単ですが、その範囲にとどまっていては、新しい取り組みを成立させることは難しく、反対に範囲を広げて動ければ、それだけ成立させられる可能性も増えていくのです。

リトルツリーのプロジェクトでは、以前からストックしていた街の木の木材以外にも、進和学園の敷地に生えていた竹を、左官の壁の下地となる小舞《こまい》（竹を編んだ壁下地）にしたり、工事をはじめて間もなく、お店の向かいにある公園ではじまった伐採工事で出た木々を活用したりもしましたが、そうしたまさに身近な、いまここにある素材を活かそうというなかで、竹を伐る作業や加工する作業、木を運ぶ作業など、半ば自然発生的に参加のプロセスが生まれていきました。

土壁づくりの様子。進和学園の敷地内に生えていた竹を、土を塗る下地となる竹小舞に使用。

## 困難があってこそ物語ができる

向かいの公園ではじまった伐採工事は、直径五〇センチを超えるコナラ、直径七〇センチもあるエノキ、さらにはクマノミズキなど、かなり大きな木々を伐るものでした。現場を見に行ってみると、伐り倒された丸太がたくさん転がっていた。腐れがなく、木材にできるものがある。が、問題は丸太までのアクセスでした。お店の前には公園の広い駐車場がありますが、丸太が置かれているのは、その駐車場の奥から、車が入れない山道のような園路を歩いた先なのです。丸太は一本数百キロ。

こういう困難がある時こそ、物語をつくるチャンスです。その時、進和学園のお店づくり担当チームと私との間では、お店を繁盛させられるだろうかという、至極当たり前の、しかし切実な心配がありました。お店の立地は、駅前や人通りの多い場所というわけではありません。公園のある景勝地の一角ではありますが、特別な時期でもない限り、たくさんの人が通る場所ではないのです。そういうところでお店を盛り上げていくためには、お店づくりの担当チームだけでなく、進和学園全体の力を動員しなければならないと思われました。しかしなにしろ大きい組織の片隅での事業です。どうすればもっと学園全体のチャレンジという雰囲気にできるだろうかと、お店づくり担当チームは危機感を持っていたのです。私はそれを感じていたので、公園の木々が伐られているのを見た時に、これはチャンスかもしれないと考えました。木を運び出すのが困難なのもかえって良かった。大きな木を運び出

向かいの公園で伐採されていた木々を活かすため、チェンソーで丸太の状態から大きな盤にまでして、みんなで力を合わせて運び出す。

すことに協力してもらおう。木という大きな自然の賜物との取っ組み合いは、驚くほど力強く、その体験を共にした人々を一つにしてくれる。私はこれまでの取り組みを通じて、木が最後にもたらしてくれるその効果に目を奪われてきました。たった一日でも、大きな木を相手にみんなで取り組むことができたなら、そのことがきっと、お店の成功のため

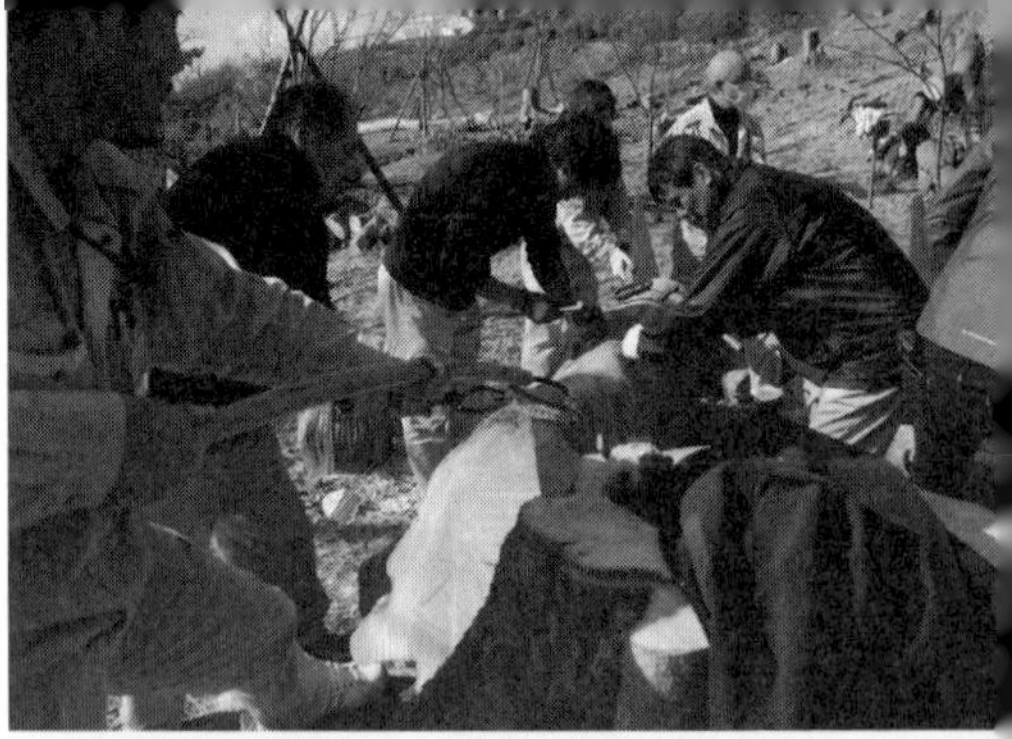

の力となるはずです。

進和学園のお店づくりチームと私とで、楽しい悪だくみがはじまりました。公園の木々を活用するために木を運び出す作業をイベント化して、進和学園の職員や利用者に参加してもらおう。人数が集まれば大変なことでもなんとかなる。どこまで話が通って、どこまで参加してもらえるかはわからないけれど、学園の偉い人たち（理事の方々や各施設のトップである施設長さん）にも声をかけよう。偉い人たちにあの重たい木々を運んでもらおう、と盛り上がりました。

イベント当日、はたして、学園の偉い人たちはほぼ全員が参加。進和学園の人たちも利用者の方々も私たちも、一丸となって木と取っ組み合いました。さすがに丸太のままではどうにもならないので、私が特大のチェンソーで現場製材し、分厚い盤のような状態にまでしていきます。その状態でも相当な重量になりますが、そういう盤ができた先からみんなで協力してお店の庭先までの長い距離を運び出していきました。その庭先にはパーティ会場がつくられて、学園でつくっている食べ物や料理が振る舞われました。みんなが本当にイキイキしていた。後から写真を見たら嬉しくなるくらい、最高の笑顔が溢れていた。木という自然の賜物とがっぷり四つに取っ組み合って表に出たのは、進和学園のよそ行きではない素の姿そのものでした。

この日の成果として、エノキ、コナラ、クマノミズキの木材が得られましたが、担当チームだけのお店ではなく、みんなのお店という雰囲気が醸成されたことこそが、一番の成果であったことは言うまでもありません。その後も、竹を伐る作業や竹小舞の壁づくり、土壁塗りなど、こうしたイベントは工事期間中に計五回行われ、お店は完成に向かっていきました。

## つくり手と使い手の共犯関係が、木のものづくりの明日を拓く（かもしれない）

通常、木材は長い時間乾かしてから使うべきものです。すでに工事がはじまっているのに、目の前で伐られた生の木を活用するなんてどういうことだろう、と思われるかもしれません。きちんとしたものをつくるためには、しっかりと乾燥させた木材を使わなければならないというのは、基本中の基本です。そして、そういう木材をつくるには通常、時間とコストがかかります。時間もコスト（公園の木を使うからといって工事予算が増えたわけではありません）もかけずに生木をすぐに使えるようにする魔法があるのかと言えば、そんな魔法があるわけではありません。

これは、誤解を恐れずにする話ですが、都市林業では、というよりも私の場合には、教科書通りでないことをあえてすることがよくあります。公園の伐採木の活用もそうです。もう工事が進んでいるなかでずぶ濡れの丸太（伐採したての木にはたくさんの水分が含まれています）を手に入れて、それを使おうなどというのは、ともすればど素人の所業です。十分に時間をかけて乾燥させたはずの木材の、わずかの乾燥不良でさえも木の狂いにつながってクレームになるのです。にもかかわらず、乾燥不足どころではない生の木をすぐに使いたい。乾燥を早める人工乾燥設備のお世話になる予算もないし、仮に人工乾燥できるとしても時間が足りない。その上で、それでもその木を活かしたほうが総合的にメリットが大きいと判断して、あえて活用したのです。もちろん、不具合が起こる可能性がある、のではなく必ず不具合が起こることを説明し、その対応をどのようにしていくかも共有した上で。

みんなで運んだ大きい盤のような材は、使う部材の形にすぐに木取して細かくし、できるだけ乾かしました。小さくすればそれだけ早く乾くわけですが、それは気休めにすぎません。その上で、どのような不具合が出るかを予想しつつ、致命的なことにならず修正可能な範囲に不具合が収まるよう使っていきました。たとえばこの時、コナラはメインの大きなテーブルの脚にしましたが、最も狂いが少なくなる柾目《まさめ》の角材に木取して、部材同士がお互いを拘束し合うような形に使って、少々歪んだり割れたりしても、後から補修すればなんとかなるだろう、といった具合です。実際、このテーブルは、脚だけでなく天板にしたクスノキも乾燥がまだ甘いものでした。その上そもそもクスノキという材は、何年も乾かしていても狂いが大きく、クレームを恐れるならば最も使いたくない樹種の一つです（クスノキは彫刻材などとして多少は流通している樹種ですが、これは選りすぐられた原木からつくった彫刻材の話ではなく、東京あたりの街場でよく見かけるクセの強いものばかりの野良クスノキの話です）。数年乾かした後、人工乾燥設備にも入れたクス材で製品をつくって、それでも後に木が歪み、何度も痛い目を見ています。そんなクスの中途半端な乾燥の材をその時に私は持っていて、しかもそのクスは厚みも幅もあるけれどグネグネに曲がっていて、面白いけれど使いどころの難しい個性的な材でした。これを四角く整形して個性を殺してしまうことなく、しかし全体の空間のなかで調和するものにできたなら、「個性を活かして調和をつくる」というお店のコンセプトにぴったりなものになる。乾燥が済んでいる四角い板でつくることは手間も少なくリスクも少ないが、この材を使うことによるメリットが絶対ある。引き渡し後に歪んで不具合が出ることは間違いないが、補修を行って営業に支障が出ないようにしますと説明した上で、あえてこれをお店の主役として使いました。実際に営業がはじまって数ヶ月、暖房も効いた環境で木材が乾いていって歪みが盛大に出て、その時点で修正作業を行いました。そんなテーブルを単体として見れば、製品クオリティに達しているとはとても言えません。よく見れば粗だらけ、見る人が見たらなにをやっているんだと言うでしょう。ですが、成果としてなにが優先されるかは都度違う。教科書通りにすべてを行えば喜んでもらえるほど、現実は単純ではありません。現実には予算があって、その現場固有の制約や事情もある。そのなかでなにを選ぶか――施主とつくり手がなにに合意し、なにを選ぶかに決まった正解はありません。なにかを得るために「教科書通り」から外す選択だってある。十分な乾燥期間の確保や人工乾燥設備に入れることは、木でものをつくる上では、いろはのいではありますが、それをしない選択だってある。そもそもそれを言い出したら、クセが強い街の木など木材選びのいろはのいから外れている。現状の街の木のほとんどは、木材用として選ばないほうが良い材の典型なのだから。そういう材をあえて使おうと言うからには、当然、それによって生じるリスクを、知識としてではなく、血肉になっているというレベルで知っていなければなりません。その上で、そういうものをあえて活かして、そうして起こる結果をも引き受けなければ、そもそも街の木なんて使えないのです。

極論かもしれませんが、つくり手と使い手、売る人と買う人の信頼関係、もっと言えば、共犯関係がなければ、街の木のような素材は使いづらいのです。不特定多数の、顔の見えない相手との取引であればすべて教科書通りにするしかない。街の木を使うのは危険だし、無垢材を使うのであれば、できるだけクセが少ない材でクレームリスクを最小にしておきたい。いやそもそも、無垢材なんてやめて合板や新建材のほうが良い。そうなるのが自然だし、そうならざるを得ないのであって、仕事とはそういうものだという社会のなかで、私たちはそれでも無垢の木を、街の木を、使いましょうと言っているのです。その難しさを認識し、出た不具合にも対応してきたからこそ、そういう不具合で不便をかけても、使ってくれている人に、それでもこれを選んで良かったと言ってもらえる「なにか」を用意しなければと思うのです。

近年では公共施設のような場所でも、無垢の木材が使われることが以前よりも増えてきているように感じます。それは確実に、木材は使用を推奨すべきものというプロモーションの成果と思われます。このところ私が関わっている施設の新しくできた建物でも、手すりや間仕切り、あるいは床などに無垢の木を使用していました。そしてそれらもよく見ると、隙間が空いたり歪んだりしているところが散見されました。使われているのは無垢と言っても集成材で、しっかりと塗膜のできるタイプの塗装でガチガチに固められたものでした。それでも木の狂いが出ていた。不具合が数ヶ所なのか数十ヶ所なのかは基準をどこに置くかによるのであって、厳しい基準でクレームにして、補修を指示しはじめたらキリがない。実際、実用上問題となるレベルで不具合が生じている箇所もあり、幾度かにわたり補修工事も行われていた。微細な補修ではなくかなり大きな規模での補修で、施工者としては痛い出費です。

世間には木を積極的に使うことが好ましいという雰囲気があって、そのために一時期よりは木が使われることが増えていますが、無垢の木を使ってクレームだらけ、問題になるということであっては、提供する側も扱いづらくなっていくのです。それでも扱うのだとしたら、そうしたクレーム対応も見越して、その分高価にしなければ割に合わない。ファッションの分野におけるハイブランドの製品のように、多くの人が使えるものではなくなってしまいます。その方向に行くのもあり得ることですが、もしそうでないのだとしたら、お金を出す側、使う側の人たちにも、木という素材はそういうものだと、ある程度はゆるく見る姿勢が必要です。木とはそういう素材です。

提供する側として言い訳をしようというのではありません。私も加工を依頼した相手から、自然のものだから仕方がない、という言葉を何度も聞いたことがありますが、絶対に聞きたくないセリフです。それは、不具合の出たものを納品されたこちらが気を使って言うセリフであって、自分で言うなと思ったものです。不具合が出たけれど仕方がない、大丈夫ですよ、あなたを責めようとか値切ろうなんて思っていません。でもなんとか使えるように補修していただけますか、と買った側、使う側は言い、売り手側、つくり手側は、もちろんです、ちゃんと使えるように対応します、と笑顔で言い合える関係であれば良いのにと思うのです。顔が見えない関係で、不具合を指摘したりされたり、まして責めたり責められたりペナルティだのなんだのとなるのであれば、そんな素材ははじめから使わないほうが幸せです。そしてもし、対等な信頼関係が成立していれば、不具合だってコミュニケーションの契機になります。木が歪むことが致命的な不幸ではなくなります。それではじめて、限られた予算や納期など、諸条件ある現実のプロジェクトのなかで、不具合の発生率が、新建材よりも高くなる無垢の木材や、それよりもさらにクセの強い街の木を使うことができるのです。私もそうですが、さまざまな条件があり理想的とは言えないこともあるなかで、その時々に発揮できる能力を総動員して良いものをつくろうとしてきました。その上で、予想外に出てしまった不具合も、予想の範囲内で出た不具合もいろいろとありました。そうしたなかで、その都度その都度、責められてペナルティだなんだとやられていたら、私はとっくに嫌になって街の木を諦めていたと思います。私がつくったものを使ってくださっている方々には、本当に感謝しなければなりません。きちんとした品質のものを納める、責任を果たす、といったプロ意識は当然堅持すべきことですが、その上で、顔が見えず信頼関係もない、無味乾燥な仕事の関係にとどまって到達できるところには限界があるとも思います。この場合、プロは成果を置きにいくことしかできません。それがプロというものだ、と言えばその通りですが、それは必ずしも、仕事を発注する側が、創造性を発揮することを期待した相手に求めていることではないでしょう。仕事を発注する側とされる側、お金を払う側ともらう側、という単純な関係ではなくて、共有できる志を持ち、共闘関係、いやもっと言えば共犯関係になってプロジェクトを進めることができてこそ、発揮できる創造力もあるだろうと思うのです。

## 多様な個性を調和させる具体的手法

湘南リトルツリー&ともしびショップのプロジェクトに話を戻します。このプロジェクトでは、多様な個性を活かして調和をつくるというコンセプトに沿って、できるだけ多くの樹種の木材を使うことになりました。向かいの公園で伐られて使われることになったエノキは白、コナラはベージュ系の色、クマノミズキは緋色の木材。エノキは環孔材ですがコナラほど道管が太いわけではなくかなり滑らかに仕上がりますが、コナラは道管がはっきりと太く、その道管の断面が溝となるので手触りは滑らかとはいきません。ピカピカと光を反射するというよりはむしろ光を吸収するような、淡く白く穏やかなエノキと、ベージュ系で穏やかな色味のなかにはっきりとした道管による表情が力強さを感じさせるコナラ。そしてクマノミズキは散孔材で、道管の溝による凸凹が出ないため、滑らかな手触りに仕上げられる。この三樹種だけでも木材の質感や色味がまったく違う。この空間で使ったのはほかにも色とりどりの五〇余樹種。硬いものもあれば柔らかいものも、滑らかなものもあればざらざらしたものもある。こうした色とりどりの質感の違う素材を、一連の空間でどう調和させるのか。これはやってみると、思うより簡単なことではありません。

インテリアコーディネートなどでは、カラースキーム（色彩計画）を作成するのが基本ですが、こ

材の個性を活かしてつくった「湘南リトルツリー」のテーブル。

「花木の椅子」。背もたれと座はキンモクセイ、脚はサクラとツバキ。

れは空間の調和をつくるために実際に使う建材（の質感や色）を並べて検討するものです。普通、あまりたくさんの色は使いません。基調となる色があり、少しトーンがついた色があり、そこに差し色を加えたりする。その程度にとどめなければガチャガチャと落ち着かない空間になってしまい、難しくなってしまう。建材メーカーのカタログを見ればわかりますが、フローリングやドアや収納などの建具、建具の枠、巾木や廻縁《まわりぶち》、カウンターなどが同じ樹種でコーディネートされています。

「湘南リトルツリー」の店内。この空間に50樹種の個性豊かな街の木が集合している。

明るい黄白色のメープル、もう少し色調が濃いオーク、ぐっと黒味が強く渋い感じのウォルナット、といったシリーズになっていて、よほどセンスが特殊な人でない限り、ウォルナットとメープルとオークを混ぜて使ったりはしないものです。街の木であれなんであれ、多樹種を使うのは洋服で言えばたくさんの色を使ったコーディネートみたいなもので、かなり注意深くしなければ調和させられないのです。

多樹種による空間づくりでは、当然のことですが、樹種を増やせば増やすほど難しくなります。増やせば増やすほど色と質感が増えていく。私は街の木の取り組みをはじめる前には、一つの山の木でつくる、をコンセプトにヒノキとスギの活用に取り組んでいた時期がありました。その頃、ヒノキとスギに加えてのもう一樹種がとても難しいと感じていた。ヒノキとスギは混ぜても完璧に調和するのに、もう一樹種が難しかった。意識しながら、ほかの人がつくったたくさんの建築も見てきましたが、ヒノキとスギでとどめておけば良かったのにと感じる場合が、甚だ多いのです。ヒノキとスギに加えてもう一樹種、たとえばちょっと予算があって立派に見せようとか凝ったことをしようとして、ここにはケヤキを張りましたなどと不用意にやってしまうと、途端に調和が崩れてしまう。ケヤキはヒノキやスギと明らかに色も質感も異なる材ですが、色味も質感もはるかに似ているマツの類《たぐい》を加えても、加えないで済むのであればヒノキとスギの組み合わせでとどめておいたほうが良かったのにと感じることが多かった。これはもちろん、構造的な強さや予算という観点を無視しての、視覚的な調和だけの話であり、私が調和がイマイチと言う空間についても、ほとんどの人は特段違和感を覚えないかもしれません。しかしその空間を一緒に見て、調和がとれている空間と二つ同時に比べることができれば、多くの人が気づくことと思います。

私はその後、いっとき建築から離れて木工の修行をしましたが、その間、建築では一般的ではないたくさんの樹種の材を手に入れて、これらをどうすれば建築のなかでうまく活かせるだろうかと考えました。ひどい言い方かもしれませんが、ヒノキとスギですべてできるのに、それ以上に雑音を入れる必要があるのだろうかと。その頃に考えた一つの糸口は「森」でした。自然の森には多くの樹種が混じっているのに調和がある。樹皮だって色とりどりなのに調和している。そう思って樹皮の色や質感を集めることもしてみましたが、少しして、これはあまり意味がないように思われました。木材を樹皮つきのまま使うのは稀ですし、材と樹皮では色も質感もまったく違います。樹皮にしろ葉っぱにしろ花にしろ、異なる色や質感のものが混ざっても調和できているのはなぜなのか、その本質を掴まなければなりません。

このあたりのことについて詳しく話を続けると、それだけで本が一冊書けそうなので、端的に、いまのところ私が試みて採用している原則を紹介しますが、一定の効果があるやり方だろうと思えることが二つあります。一つは、プロポーションを意識すること。もう一つは、抽象度のコントロール。

赤身と白太がはっきりして木目もうねった抽象度の低い材。

節が多い抽象度の低い材。

まずプロポーション。自然の森の一見ごちゃごちゃとした形態の奥に、共通した比率が見出せることはよく知られていることです。黄金比や黄金分割と呼ばれる比率。黄金比は、自然という音楽、一つの曲の基底にあるリズムであり、そのリズムがあった上での百花繚乱であるから調和が実現されている。私たちがモノや空間をつくろうという時に、そしてそれを美しく調和のとれたものにしたいという時に、必ず黄金比でなければならないわけではないのですが、同時に違うリズムの音を流されている上でいい曲にするのが難しいように、比率を意識しないで良い空間をつくることが難しいのは明白ではないかと思います。しかるに実際の建築の設計を見ていると、ドアの高さでも幅でもなんでも、そこに置く家具のプロポーションもなにもかも、場当たり的に決められていることがほとんどで、たとえば電灯やコンセントのプレートは黄金比になっていますが、その隣にあるドアは適当に二メートルの高さにしようとか七五センチの幅にしようなどと決められる。そんな調子でも普通は問題にならないものですが、色も質感も異なる多様な素材を同時に使う空間においては、プロポーションを意識して、異なるリズムをできるだけ混ぜないようにすることは、調和を目指す上では有効であろうということです。

もう一つ、抽象度のコントロールとは、具象と抽象の間でバランスをとるという考え方です。まず、自然の森の風景は、ほぼすべて具象的な要素で構成されています。それに対して、木材はそれを加工して、抽象的にしたものです。木材にもいろいろあるので程度もさまざまですが、たとえば四角四面に真っ直ぐ整えられた角材や板材は、とても抽象度が高いと言えます。板材などでは、木の外側の樹皮のところの形を残した材を「耳つき」と言いますが、こうした自然の形を残した材は、真っ直ぐ整えられた材に比べると、具象的な部分が残っていて、相対的に抽象度が低くなっている。樹皮を剥かずに残した材は、さらに抽象度が低く具象度が高い。抽象度の高い低いは木目にもあります。一般に、柾目の材は板目の材よりも抽象度が高い。はっきりした木目の材や、赤身と白太《しらた》のコントラストが鮮やかな材よりも、木目がはっきりしない、

板目の材。

耳つきの材。

柾目（並行した木目）の材は概ね板目の材よりも抽象度が高い。写真はケヤキ。

赤身と白太のどちらか、あるいはその区別のないワントーンの材のほうが抽象度が高い。節もそう。節のない材はある材よりも抽象度が高い。そのほか、入り皮やウロになった部分、虫食いの穴、そして多くの場合、杢（鑑賞価値が高いとされる魅力的な木目）も抽象度を下げる要素です。これは、抽象度が高いほうが良いとか悪いとかという話ではありません。そういうことを意識してバランスをとるという話です。

空間に備わってほしい雰囲気によって、どのあたりでバランスをとるべきかをまず決めます。ものすごく静謐な雰囲気をつくりたければ、木材に限らず使う素材を絞り、木材を使うのであれば耳つきは使わずに、抽象度の高い素材に絞って構成する。木の空間であればヒノキの無節ですべて揃えてつくると、神々しいまでに静謐な空間ができあがる。活気のある元気な感じにしたければ、反対に抽象度の低い要素を入れたり、樹種を増やしたりすることを考える。

木材における抽象度を下げる要素、杢も節も虫食いの穴も耳つきの板も、たしかに、自然の素材である木材ならではの魅力あるものです。そういう素材を手にすると、とにかくそれを活かしたい気持ちになる。そんな感性は私にもありますし、それがいけないと言っているのではありません。しかしその上で、たくさんの樹種を使って、耳も節も個性のある材をとにかく使えば、それで個性を活かしたことになるのかと言えば、そんなことはないでしょう。それではそもそも、空間として目指した効果を発揮することができないし、個性を活かしたとも言えません。大切なのはコントロールすることです。節を見せたければ、下がった抽象度を上げるために形はシンプルにする、というように。抽象度、という尺度で考えてそれをコントロールする。コントロールできれば、色とりどりの多樹種を同時に使うことや、節や耳つきなどといった個性ある材を、空間に求められる雰囲気を損なうことなく効果的に使えるようになるのです。

多樹種使いの空間をつくるにあたっては、プロポーションと抽象度を意識するのがとても有効です。その上で、最後は感覚。実際の材を見て、この樹種の材の隣に置くとすればどれがいいのか、と延々と材を並べて検討するということを私もよくしています。街の木を活かす場合、たくさんの樹種がある一方で、一樹種あたりの材の量は限られていることが多く、たとえば椅子一脚であっても二樹種を混ぜないとつくれないといったことが起こり得ます。公園で手に入れたエノキでテーブル三台の天板は間に合うけれど、脚の分まではない、など。そんな時にどの樹種と組み合わせるのか悩んだら、エノキが白っぽいから白系の材をあてておけばいいでしょう、ではなくて、とても慎重に探します。そのテーブルの横にある材とも取り合いを考えます。エノキのテーブルと組み合わせて使う椅子はどの樹種がいいか、それも考えた上で、テーブルの脚に使う樹種はなにがいいのか、このプロジェクトの物語に照らすとなにがいいのか、選び得る手持ちの材になにがあるのかはもちろん、テーブルと椅子のセットで見た時に、たとえば、綺麗な花を咲かせる樹種ですべて揃えているのですよ、であるとか、全部ドングリがなる木です、などとなにかしら気の利いたことができないかなども考えます。

多樹種使いのものづくり、空間づくりでは、視覚的な喜びや調和を実現するための適材適所以外にも、実用性や強度や耐久性といった適材適所もまたあります。実用性については、たとえば摩耗に強い樹種とそうではない樹種があり、よく擦れるような場所では摩耗に強いカシやサクラなどを使おうとなります。強度については、材の表面が硬いか柔らかいかといった、表面強度が問題になる場合もあれば、靭性すなわち粘り強さのあるなしが問題となる場面もあります。硬いのに折れやすい樹種というのは、いくつもあります。水に濡れることや湿度の高い環境に強いかどうか、といったこともある。そうしたことも、視覚的なコーディネートと合わせて検討しなければなりません。

こうして総ざらいして多樹種によるコーディネートのことを考えてみると、まず今回のプロジェクトで使い得る手持ちの樹種がどれだけあるのか、どの樹種の材がどれくらいあるのかというレイヤーがあって、その上に、性能上の適材適所を検討するレイヤー、視覚的に考えるレイヤー、プロジェクト固有の物語と関係したレイヤー、さらにはなにか気の利いたエピソードでも披露できないかといったプラスアルファのことを考えるレイヤーを重ねて、どこにどの樹種の材を使うのかを検討する、というのがいつもの手順になっています。

## 私たちは何者なのか

湘南リトルツリー&ともしびショップではおよそ五〇樹種の、欠点＝個性の塊のような木々が活かされて、進和学園の志や取り組み、目指す世界そのもののような空間ができました。個性を活かして調和をつくる。ここに行けば、自分たちが何者で、なにをしようとしているのかを確認できる。進和学園には、障がいのある利用者さんだけでなく、その家族や取引先の方などたくさんの人が訪れますが、いろいろな施設を見学した後にここで休んでもらえば、進和学園が目指してきたこと、目指す世界が一発でわかって腑に落ちるのです。

湘南リトルツリー&ともしびショップのプロジェクトは、先に紹介した花見堂や南町田のプロジェクトに先立つ事例で、公共施設ではないお店づくりのプロジェクトですが、街の木を活かして取り組んでいることの本質は同じです。進和学園と私は共犯関係、共に挑戦するべく歩きはじめる。参加のプロセスを経て、その共犯関係は一層強固なものになっていく。花見堂や南町田のような公共のプロジェクトでも、自治体の担当職員たちは、監督や見守りにとどまらず、区民市民と一緒に汗をかいて木と格闘し、木屑にまみれて取り組みました。木を前にしたイベント当日の表舞台でのことだけでなく、裏方の見えないところではその何倍も動いてくれていた上で、分け隔てなく、自分たちの街を良くすることに取り組んだ。リトルツリーでも同じです。役員も施設長も一般職員も障がいのある利用者さんたちも私たちも、みんな一緒に取り組んだ。そこで私たちはみんな、誰かを喜ばせたいという志を共有し、本当のことを全力でできていた。そうして紡がれていく物語と、そのなかで生まれるモノや空間には、その物語の登場人物たちが何者であるのかが塗り込められていく。私たちはそうしてできたモノを使ったり、その空間を訪れたりすることで、本当のことを全力でできていた自分たちが、たしかにそこにいたのだと確認できるのです。

# 街の木（クセが強い材）の活かし方④

## なんとかおっつける

ソメイヨシノと並んで街に多い大木で、やはり木材に向かない木の代表のように言われていた木に、コナラがあります。公園でよく見かけるドングリの実る木で、大木になっているものも少なくありません。薪炭やシイタケ栽培の原木として最適な木で、薪炭林、里山林だった土地の名残を残している木です。しかしこれが、木材には向いていない。木工の世界でナラ材と言えば国産であればミズナラで、輸入材だとオーク材。ミズナラは北海道や本州の標高が高い場所に生え、有用な木材として家具やフローリングなどの素材になるのに対して、木材には向かないと言われてきたのがコナラです。この関係はサクラにおけるヤマザクラとソメイヨシノの関係に似ていて、木材の世界でサクラ材と言えば普通はヤマザクラのことを指し、非常に人気の高い良材として家具やフローリングなどに使われる一方で、ソメイヨシノは木材としてはダメな材の代表のようなポジションです。

コナラのどこがダメなのか。コナラもソメイヨシノも、木材としての欠点が少ない部分を選んで仕上げてしまえばどちらも同様に強度があり、美しく、よほど詳しい人でなければどちらがどちらと見分けることが難しいくらいです。その上で、ソメイヨシノの解説で述べたのと同様のことがコナラにも言えます。アテ（真っ直ぐにした木材が曲がってしまう木材の欠点。アテは程度の問題ですべての木材にある）が強く、とりわけ割れが入りやすい。また、大きな問題は白太の割合が多いことです。ほとんどの樹種の木材は、ヒノキやスギなどの針葉樹はもちろん、サクラやナラなどの広葉樹も白太よりも赤身に値打ちがある（一部例外あり）。白太は赤身よりも狂いやすく割れやすく、耐久性も大きく劣る。カビやすく腐りやすく、虫に食われやすい。ヒノキやスギなどでは白太も普通に使われますが（土台など耐湿性、防虫性が特に求められるところでは赤身だけを使うことが望ましい）、コナラの白太はとりわけ耐久性がなく、ひどく割れ、乾燥によって著しく痩せてしまいます。

同じナラでもミズナラは赤身が張っていて白太が少ない。コナラはそれに対して白太が占める割合がとても大きい。丸太を伐り出し、運び、製材し、乾かす費用はコナラもミズナラも同じです。ただ使える分量が大きく違う。使える箇所である赤身も、ミズナラに比べると割れが多く捨てる部分が多くなる。あえてコナラを使って、材の違いでミズナラよりも魅力的な椅子やテーブルをつくることができるわけでもない。とてもうまくいってようやく同等。原木をもしタダでもらえたとしても、特別の予算がついた仕事でもなければ、手間をお金に換えなければならないプロはまず手を出さないほうが良い木材です。

ついでに言うと、どれだけ歩留まりが悪くても良い部分だけ集めてつくればいいわけですから、コナラに限らずこれまで木材としての利用が難しかった樹種の活用を成功させました、というプレゼンテーションや報告書をつくろうと思えば容易につくれます。そういうものに釣られて投資にならないお金の使い方をしないよう、お金を出す側の人たちは注意してください。木材活用に関わるコンペや賞の審査員の皆様も同様です。普通のコナラどころか、ナラ枯れの被害木（カシノナガキクイムシという在来種の害虫による被害と、倒木の恐れがある被害木の処理が課題になっている）を木材として有効活用できないかといったことも、被害対策の話の流れで出るのは理解できますが、仮にそれをして、成果を出しましたという報告書を作成しなければならないのだとしたら、グリーンウォッシュにならないほうが難しい。ナラ枯れ被害木の処理にくっつけて、どうしても予算を使いたければ、木工品を製作するよりも違う企画にお金を使ったほうが有意義だろうと思います。

さて私も、知識や伝聞として、コナラはダメだ、安かったから買ってみたけどなにをしてもダメ（製品レベルにできない）なので結局燃やした、といった話を聞いてきましたが、その上で自分でも身銭を切って相当な量のコナラを製材し、活用を試みてきました。ダメと言われていることも、自分で絶望するまでやってみるのは大事なことです。絶望を伝聞で済ませている人の言葉ほどあてにならないものはないのですから。

そのような思いもあって、コナラでいろいろとつくってきましたが、一つの例は、いま実現させることに挑戦している総街の木造りの建物の入口周り。入口のドアや大きな物品の搬入口の枠に使用しています。なぜここにコナラかと言うと、物をぶつけたり擦ったりすることもあるでしょうから硬さのある木材で、かつそれなりに腐りにくい樹種が良いということでの選択です。庇を大きめに出しているとはいえ、時には雨に濡れることもあるところでの使用です。コナラは白太がとても腐りやすい一方で、赤身にはかなりの耐久性を期待できる。白太を避けて、その上で塗装もして、撥水性、耐水性を高めます。いろいろな樹種の使用例を見せたいこの建物のなかでほかのところで使っておらず、また一揃い（枠の総延長五〇メートル）を賄えるだけのストックがあって、かつ乾燥が済んでいて、いますぐ使える状態にあったということもありました。

ここで使ったコナラは直径が六〇センチを超える大木で、幹も真っ直ぐな、コナラとしては最上級の丸太です。それを追柾《おいまさ》挽きという反りが出づらい挽き方で製材して、しっかりと乾燥させたもの。226ページの写真のように仕上がってしまうと、なんということはなく収まっていて、誰もなにも思わないでしょう。ですがもう一枚の、加工途中の写真（次ページの下の写真）を見てください。真っ直ぐでなければならないはずの部材が、ものすごく曲がってしまっている。これはメインの枠の幅を増やすためにつけ足すつけ枠で（なぜこういうことをするかと言うと、一枚で賄える幅がある板が少ないため）、小さい断面になるので大きく曲がりが出ていますが、より大きな断面のメインの枠材も多少はマシですが似たような感じでした。

コナラに限ったことではないですが、基本的に木材は、大きい状態ではある程度真っ直ぐであっても、それを削ったり切ったりしていくと、このように曲がってしまうことが多いのです。とはいえ、ここまで曲がってしまうのはひどすぎると言わざるを得ず、利用は無理と諦めるのが普通の感覚かもしれません。ただそうは言っても、悪いものをハネて曲がらないコナラが出るまで次々に新しい原板をおろしていっても、十中八九は曲がってしまう。もう仕方がないと腹をくくり、曲がってしまうものもなんとかその状態で機械にかけたりカンナをかけたり溝を突いたりして、建物への組み込み時には建物側のガッチリした部分に曲げ戻しながら固定して、なんとかおっつけていきました。こうした

白太の割合が多いコナラ。

アテが強く、加工していくとどんどん曲がってしまい真っ直ぐにならないコナラ材。

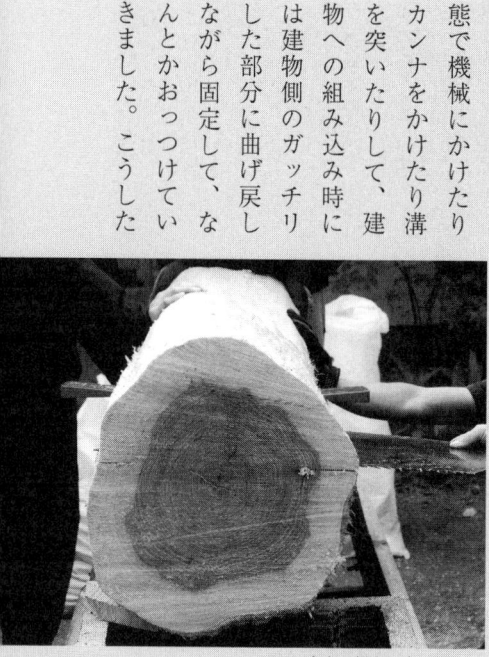

ドアの框と二重になった枠にコナラを使用。

ことは、部材が短い家具づくりではあまりしませんが、長い部材を扱う大工の世界では、ヒノキなどのはるかに良い材を使っていても多かれ少なかれあることです。もちろんこれはひどすぎですが、木というのは程度の差はあれそういう素材で、そのなかでクセが強いとか木材としてはダメと言われるものがどういうものなのか、少しでも伝わればと思います。

いろいろと言っていますが、結局のところ格好いいものができたのだから良いではないか、と思うのは正しくありません。そういう素材を扱うことでかかる余計な時間は、すべてコストにはね返るのです。クセの少ない良材でつくるのと同じ単価でやれと職人に強要したならば、暴動が起こるレベルで余計に手間がかかります。そもそも人によっては仕上げられない。失敗したら嫌だし材料も無駄にしてしまうので、よほど自信のある人でなければ試しにやってみることすら嫌がります。クセの強い材なんか活かさずに、もっと良い材を買ってきてつくったほうが仕上がりも良いし、手間賃も安く済む。アテがきつい材でつくったものは素直な材でつくったものよりも、後々不具合が出る可能性も当然高い。ユーザーにメリットをつくることがとても難しいのは明らかです。あえてコナラを選ぶ理由がありません。

くどいようですが、コナラは木材としてはダメ、街の木は木材としてダメ、といった玄人が口を揃えて言っていたことを覆しているかに見えるプレゼンテーションや事例に対しては、そんなうまい話が本当にあるのだろうかと注意深く見てください。それはグリーンウォッシュかもしれません。本当の本当に、成立しているのであればそれは奇跡的なこと。本当のことをしている人が評価され、お金がぶら下がっているからといって安易にそれをとりに行かずに自制している人が、ワリを食わない世の中になれば良いのにと思います。少なくとも私は、コナラ単体ではそのレベルの成果をつくれていません。なのでいまのところ、なにかよほどの理由でもない限り、コナラはあえて木材にせず、通常の処分を行い堆肥にするなり燃料にするなりすれば良いのだと、力強く主張したいと思います。

## コナラの合理的な活用法

ちなみに、コナラの合理的な利用の仕方は薪炭とキノコの原木です。昔の人たちはそうしていました。あまり大きくならないうちに根元から伐って複数の幹が立ち上がる株立《かぶだち》に仕立て、それも使いやすい太さになったらどんどん伐って利用して、また新たな幹を立ち上がらせて使っていく（萌芽更新）。コナラは極めて重く硬い材質で、薪や炭にすることを考えた場合、密度が詰まっていることが火もちの良さにつながります。また、とても硬い木であるにもかかわらず、斧などで割りやすく、さらには乾燥もさせやすい（同様の重さや硬さの樹種でも、乾燥のしやすさは異なります）。白太の腐りやすさも燃やしてしまうのであれば関係ない。またキノコ栽培の原木として使う場合には、この白太が多いことが美点となります。木材用としては、赤身が多くて白太が少ない原木が良いとされますが、キノコ栽培ではその逆です。

木の活用を考えるにあたり、昔の人がしていたことはとても参考になります。私も街の木の活用をはじめて間もない頃、さまざまな樹種の使い方を学ぼうと郷土資料館などに行って昔の木製品を探したりしたものでした。特に面白かったのは縄文・弥生時代の博物館で、たとえばニシキギだとかユズリハだとか、木材としては聞き慣れない樹種の木材が、実際に使用されていた資料を見ることができてワクワクしたものでした。昔の人たちは、身近な素材を本当に良く知っていて、それぞれの時代にそれぞれの地域で、素直に、率直に、無理のないことを当たり前にしていました。地域の特性や個別の事情に関係なく、一律にかけられる規制や補助金のようなお金も、プロパガンダじみたこうすべしという圧力も今日のようにはなかったでしょうから、普通に当たり前に本当のことができていた。素直に、率直に、事にあたって無理をしないということは、それだけ押さえておけばあとはなんでも良いというくらい大切なことだと思います。

いまはおかしなお金の出方や引っ張り方が横行するから、本当のことをしづらくなっています。木を扱って稼ぐには、木やものづくりを学んだり刃物を研いだり、なんであれ誰かに喜んでもらえそうなものをつくって売ってみる試行錯誤をするよりも、木の活用だとか森の保全だとか、良いことをしようとしています風の能書きとプレゼン資料をつくって、先にお金を引っ張れないかと画策するほうが賢いような雰囲気にもなっている。私がまだ街の木で誰も喜ばせていない頃、街の木を木材にするというアイデアをこちらが話すなり、「アホか」と言ったのはいつも年配の「昔の人」でした。彼らは補助金や助成金などなにもないなかで、自分の手を使ってものをつくってそれを売り、生計を立てたことのある人たちでした。しかしいまや力強く「アホか」と言える人が少なくなって、自分でやったことのない頭でっかちの人が考えたことが幅を利かせてお金が動くことが増えている。不幸なことだと思います。

都市林業では、昔の人たちがそうであったように、素直に率直に素材に向かい、本当のことをしていきたいと思います。欺瞞があっても仕事として成立すればそれでいいというのではなくて、自分自身が心から意味のあると思えることをしていきます。そうすれば、昔の人たちがそれぞれの時代にそれぞれの場所で、後世の我々から見ても、問答無用でこれは大切にすべきと思えるようなもの、言い換えれば、文化財や世界遺産になるような建物や街並みをつくることができていたように、私たちもまた明日の世界遺産になるような街や文化をつくることができると思うのです。

## 伐採したコナラを活かしたワークショップ

最後に、コナラを活かしたイベントの事例をひとつ紹介します。参加者とコナラについての知識やナラ枯れ問題などについても話をしながら、プロの手で行う伐採を見学し、その後、さまざまな作業を参加者と一緒に行いました。まず、数百キロの重さがある丸太でも、コツとちょっとした道具があれば、人力で動かすことができ、高さのある台の上に載せられることを体験。こうした体験は防災の観点でも役に立ちます。目の前にあるのはゴツゴツして硬く重い自然の賜物。それに思いっきりぶつ

伐採したコナラ活用のワークショップの様子

会場で見つけた実生木。

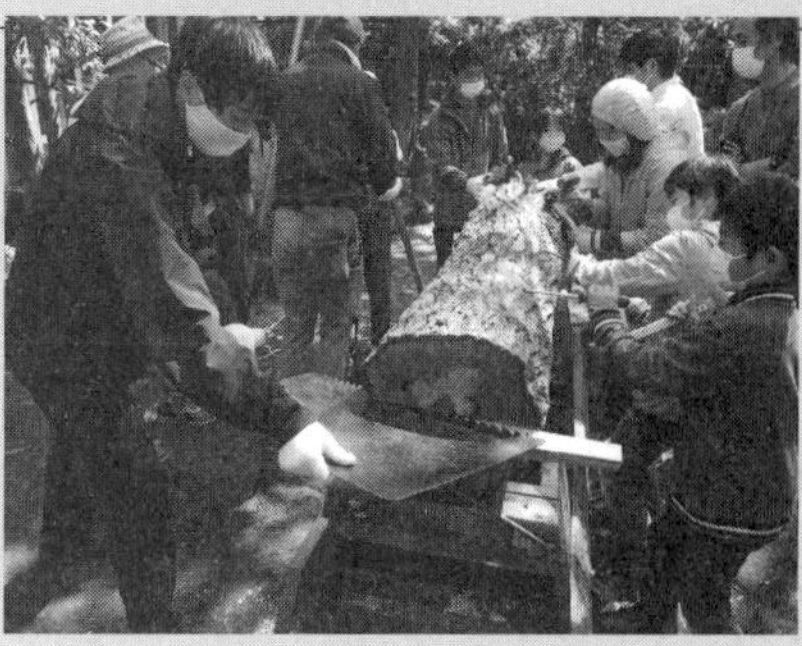

大鋸による木挽き。

ワークショップで菌打ちしてできたシイタケ。

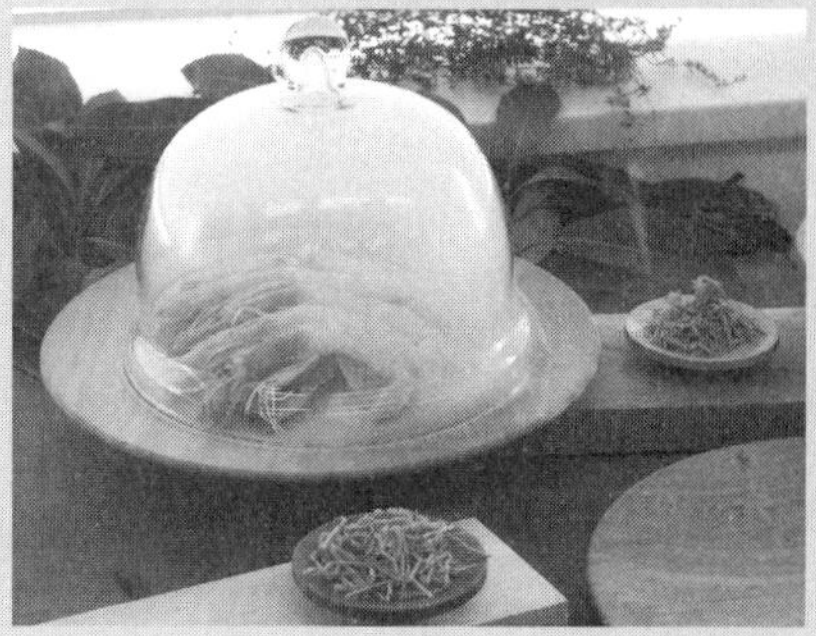

コナラチップで燻製。

かって、木材という利用可能な形に近づけていく。子どもたちはいつも樹皮を剥く作業に夢中になりますが、そのなかで彼らにインプットされる情報量は計り知れません。大鋸もみんなで交代しながら挽いていきます。最初はうまく挽けませんが、非力な人や子どもたちもそのうちに力じゃないとコツを掴んで活躍しはじめます。半割までできれば、数人で車に載せることが可能になるし、ここから先は、製材所に行かなくても比較的小さな機械でより小さい木材にしていけます。大鋸での製材はなかなか難しいことですが、大鋸がなければ成り立たないわけではありません。できる範囲で可能なことをすれば十分です。

この日のイベントでは、木材にする作業と並行して、木材にならない丸太へのシイタケの菌打ち、木屑を使っての燻製づくり&試食、伐採したコナラの実生木を探しての苗木づくり、カンナやノミを使ってのちょっとした木工品製作を行いました。木材として見たら、この日伐採された直径四〇センチ強、高さは二階の屋根を軽く上回るコナラの木から得られる木材は微々たる量。木材としての利用効率が著しく悪いコナラでのこと、正味、椅子の二脚もできるかどうかというところです。この日の参加者と一緒につくった木材は、もちろんどこかで活かすことになりますが、木材を得ることが目的の一番目ではありません。この木を長く育ててきた持ち主が木を育てて良かったと思えること、その上で、木をきっかけに人が集まって一緒に取り組み、わずかでも街のこれからにつながる木材をつくること。その過程でどれだけたくさんの体験機会をつくれるか。イキイキとした人々の顔を見られるか。業者任せで木材に不向きな原木から無理に木工品をつくるのも場合によってはありですが、都市林業では木工品をつくる以外にもできることはいろいろあると考え、試行錯誤しています。

# 第五章

# 三つの提案

## 困難さをもたらす前提条件を大きく変える

都市林業のこれまでの取り組みでは、現状のものとしてすでにある街の仕組みのなかで育った木々を活かす事例をつくってきました。街の木を木材として活かすことは、極めて不合理で成立させるのが難しい現状がある上で、それでも活かして良かったと言ってもらえるような事例をつくるためにさまざまなことを試みました。ですが、その一方で常に思っていたのは、この現状ありきではなく現状そのものを変えられたなら、難しかった話がどれだけ簡単になるだろうかということでした。

現状の街の木が木材用の原木として良くないものだという前提は、まさにその筆頭です。もしこれが、そうでなくなったならどうでしょう。車を何キロも走らせている道すがらにずっと植えられているケヤキの大木が、現状のように虫食いや腐ればかりのものではなく、木材用に良い樹形をした健康なものであったならどうでしょう。現状の悪い原木でどれだけのことができるのかを、これまでの事例では示してきましたが、良い原木であればより簡単に低コストで、もっとはるかにすごいことができるのです。

本章では、現状を受け入れて行うしかなかったこれまでのプロジェクトの枠を超え、より広い視点で街の木を取り巻く仕組みと街の課題を考えながら、いますぐにでも試せる提案をしたいと思います。

三つの提案をしますが、そのどれもが小さな規模から少ないコストではじめられ、成果が出るようであれば広げていけばいい、そんな提案です。

## 提案①「都市林業」を街路樹で

### 街路樹の管理に林業のコンセプトを取り入れる

街全体の仕組みに関わる提案の筆頭は、街路樹（に限る必要もないのですが）にはじめから木材としての活用を前提として、定期的な伐採と更新、活用のサイクルを取り入れることです。この考えは、取り組みをはじめた最初期からあったもので、私は当初これを指して「都市林業」と呼んでいたのですが、もっと包括的な話と区別して「狭義の都市林業」とも呼んでいます。狭義の都市林業にとどまって、街路樹のサイクルをつくってもいいし、それに住民参加のプロセスなどを掛け合わせてもいい。住民参加で苗木をつくり育てて植えることをしてきたのも、木から恵みを得て楽しむことをしてきたのも、それらが、狭義の都市林業を核としていろいろとできるだろうという考えがあったためでした。

街は人が立ち入らない原生林や自然保護区ではないのですから、木を永遠に、寿命を迎えて倒れるまでそのまま植えておくというのは現実的ではありません。そして実際に、街では倒木が起こっていて倒木予備軍の危険な木もたくさんある。事故が起こると一斉に調査がされて、倒れ止めのワイヤーが張られたり伐採されたりもするのですが、それでは後手に回ってしまっているのです。伐採やむなしの判定がされてから木材として活用しようとしても、第一章で見てきたように、腐れだらけでほとんどまともに材を得られない。そういうものを木材にしても競争力を発揮することが難しい。すでに見てきたように、こうした危険木が生まれる原因は強剪定です。限られたスペースに植えなくてはならない街路樹は、樹齢を重ねて大きくなるとどうしても強剪定をせざるを得ません。盆栽のように毎日面倒を見られれば別でしょうが、少なくとも現在の剪定頻度で管理をする限りではそうなります。強剪定は著しく木を弱らせる、危険木化への片道切符。中身がグズグズに腐って木材にも製紙用のチップにもできなくなる前に、伐採して活用しましょう。これで倒木のリスクが格段に減るはずです。紙にするのでも木材にするのでも良い。そして可能であれば、毎年の手入れ、剪定にあたってのコンセプトを変えて、木材として良い樹形になるように管理するのです。どうあれ毎年、街路樹には剪定が入って費用が発生しています。剪定をする際のコンセプトを変えるだけなので、こうした管理が一般化していけば、いまとそう変わらない管理費用でできるようになっていくでしょう。

地域住民による苗木づくりや、育てていく過程でいかに木を活かして楽しむことができるのか、そうしたことに地域の人々が世代を超えて、とりわけ子どもたちが関わることで、どれほど効果的にコミュニティが育まれ、体験や教育の機会が得られるのかについては、これまでの都市林業の取り組みですでに実証しました。街路樹の更新サイクルがある程度でも決まっていれば、それに向かって、たとえば既存のケヤキ並木の木々から種を採取して、学校や家庭で苗木を育てて準備できます。ソメイヨシノは種では無理ですが、接木《つぎき》で苗をつくることが可能です。そうしたことは地域の学校などでもできるでしょう。私も小学生の時、学校でアサガオやマリーゴールドを育てましたが、それがケヤキでもサクラでも良いはずです。

この本ではほとんど紹介していませんが、都市林業では街の木の恵みを食に活かして楽しんだり、樹皮や枝葉で布を染めたり、剪定枝や伐採した木の木材にならない部分で薪をつくったり、大人も子どももみんなで木のマイスプーンをつくったり、あらゆる活用法や遊びを実践して楽しんできています。そうしたことをして楽しみながら、街路樹を育てていけば良いのです。眺めるだけの街路樹からもっと触れる、関われる、楽しめる街路樹へ。木があって良かったと、たくさん感じられる街路樹へ。そうして、山林の木々では当たり前であるように、というよりもむしろ伐らなければ森が荒れるなどと言われているように、木材として活用できる適期が来たら、伐採をして木材として活用すれば良いのです。そうして得られる木材は、私がこれまで活用してきた街の木とは違い、格段に歩留まりが良く、木材として良いものになっているはずです。木材市場で販売すれば、自治体の収入にだってなる。緑を維持する収支が改善することで、一層、緑を増やせる可能性だってあるのです。

## 明日の世界遺産にぐっと近づく

私たちが街の木のあり方をそのように変えるにあたって、リスクや損はどこにもありません。木が際限なく大きくなって、維持費が増え続けることもなくなって、一定に抑えることが可能になる。今よりも街で木を育てることが楽になり、私たちが木を育てれば育てるほど素材として活かせる木材が生まれ、私たちの街の建物や空間をつくる材料になって、第四章で紹介したようなたくさんの街の人が関わってできた特別な建物や空間になっていくのです。そうして私たちの街に一つ、また一つと、街の木でできた建物や空間が増えていったなら、それは私たちの時代、私たちの土地ならではの特別な街であると言えるのではないでしょうか。もしかすると本当に、明日の世界遺産になるかもしれません。

均質化に向かい、世界中どこでも同じような建物や街並みがつくられていくなかで、私たちの街は違う道をいく。私たちは、私たちならではの素材で、私たちならではの街をつくっていける。世界に先駆けてこれを実現し、それをもって世界の街という街に、ほかの誰でもない私たちが手本を示すのです。

**写真右上：**これから伐採される街路樹（ケヤキ）のなかから活用に適したものを探す筆者。写真は比較的良い樹形だが、こういうものは数十本に1本くらいしかなく、形が良い個体にも腐れや虫の害が多くある。／**写真左上：**うまく手入れをするとビワでさえ真っ直ぐに育つ。この一角では、これ以外にも、通常ねじれがひどくて木材にはしづらいことの多い複数の樹種が、木材に適した樹形に育てられていた。かつて誰かがそういうコンセプトで手入れをしていたと思われる。／**写真右下：**木材として利用することを意識して育てられた屋敷林のケヤキ。ただ大きいだけでなく、節がなく真っ直ぐで腐れもない。こういうケヤキであれば高く売れるが、同じ樹齢の大きなケヤキでも悪樹形、腐れありでは大きい分だけ処分費用が発生してしまう。

## 提案② 清掃工場をハブにしよう

### 伐採木を遠くまで持っていかずに、近くで処理する

私たちの街では、毎日どこかで木の剪定をしたり伐採をしたりしています。そうして出た枝葉や丸太をどう処理するのかを、既存の仕組みとしてすでにこうなっているから、ということを一旦忘れて、もう一度、整理し直すべき時期に来ているのではないでしょうか。もちろん、木質廃棄物のみならずほかのゴミやリサイクルとも総合して。いまある仕組みはいまとは状況が違う時代につくられて、その上に、リサイクルやバイオマス発電が推奨されるといったことが加わってアップデートされてきたのでしょうが、いわば増築を重ねた建物のような非効率さがあると思うのです。都市林業という提案も、改めて仕切り直して全体のなかに組み込むことで、間違いなく、いまとは違った効率を達成できるでしょう。

街で木を剪定したり伐採したりする業者にとって大きなコストになっているのは、枝葉や丸太の処分にかかるコストです。庭木の剪定や伐採を依頼して、処分費の高さに驚いたことがある方もいるでしょう。街の木を木材にしてものをつくろうというプロジェクトのなかでも、やはり木材化のルートに乗せられない丸太や枝葉は出てきます。また、街の木でものをつくろうという際に大きなコストが

かかるのが、各工程間に生じる輸送費です。たとえば、丸太を積めるクレーンつきのトラック一台とドライバーの人件費や燃料代があったなら、そのトラックに積めるだけ積んだ丸太と同等か、ほぼ同じ量の丸太を木材市場で買えてしまうことすらあるのです。この輸送費が本当にばかにならない。伐採した現場から製材所への輸送費がまず発生しますが、その時に忘れてはならないのは、木材化に供する丸太以外の部分、腐った部分や枝葉はまた別のところに処分しに行かなければならないことです。私が住んでいる東京都の世田谷区の場合、木材にしない通常の処分であれば、区内に受け入れてくれる施設があります。ここ数年、世田谷区庁舎の建て替えに伴って、区庁舎の木々に新しい循環をつくる取り組みをしてきたのですが、区庁舎の敷地で伐採した木々は、木材にしない、あるいはできない部分を区内の廃棄物の受け入れ施設に持ち込んで、木材にする部分は郊外にある製材所に持ち込んで製材しました。まず、これがトラック二便ではなく一便、あるいは廃棄物の受け入れ施設兼製材所が近くにあれば一ヶ所への輸送で済むのです。後日、製材が済んで板や角材になったものを郊外まで引き取りに行くのにも、また運搬費用がかかります。

廃棄物の受け入れ施設は、その場で受け入れた丸太や枝葉の処理をするわけではなくて、そこで仕分けをしてまた別のところに輸送しています。輸送先は破砕処理施設などで、そこから先、堆肥化施設へ行ったりバイオマス発電所に行ったりするわけです。焼却するよりも環境に良いということなのでしょうが、それが本当かどうかはとりあえずおいておいて、あちらこちらへトラックが走っていることを想像してください。重たいものを何度も載せたり降ろしたりするのにもエネルギーと費用が使われます。そしてそれらすべてが、最終的には木を育てた人が負担する費用、街で木を維持する費用になるのです。

さて、世田谷区役所で伐採をした際に出た、木材にしない部分の枝や丸太を引き取ってもらった（これにももちろん、量に応じて費用がかかります）施設のすぐそばには、大きな清掃工場があります。一般の家庭などから出た剪定枝などは、普通にここで燃やされています。また、その清掃工場の一方の向かいには広大な緑地の公園があって、その公園のなかには伐採木を一時的に貯めておくヤードがある（たくさんの木がある大きな公園には、こうした一時置き場があることが多い）。清掃工場のもう一方の向かいには温水プールがあって、ゴミを焼却して出た熱を利用している。また発電もしている。ここに限らず、清掃工場では廃棄物を焼却した際に発生する熱エネルギーを回収して利用する、サーマルリサイクルに取り組んでいますし、発電や売電が行われています。重複やムダがあることは明らかです。もっとシンプルに、効率よくできないはずがありません。

## 小さな製材機能を付加しよう

清掃工場と連動する形で、小規模な製材所の設置を提案したいと思います。設置場所は清掃工場の敷地の一角でも良いし、公園の伐採木置き場の隣でもいい。大抵の場合、清掃工場の敷地には余裕がある。かなりの面積の緑地が備わっていて、公園として開放されているスペースもあったりする。そこに小さな製材所を設置する。

毎日持ち込まれる伐採木のなかから、木材として有望なものは製材する。製材して出た木屑や残材も遠くへ持っていかないで、清掃工場で燃やして発電すればいい。熱や電力を利用して木材の人工乾燥もできますし、短期間に木材を使える（売れる）状態にしていける。できた木材は区内にたくさんある学校などの授業で使う木材にしても良いし、普通に販売することもできるでしょうし、もしも在庫がだぶつくようならいまそうしているようにチップや堆肥にすれば良い。取り得る手段の一つとして清掃工場に製材機能をくっつけることで、可能性が大きく拡大するのです。

## わずかな予算でいますぐ試せる

世田谷区内で私が馴染みがある地域だけでも、そういうことがすぐにでもできそうな広大な緑地公園と清掃工場、熱が利用される運動施設がセットになっているところが二ヶ所ある。適当に木が植えられているだけの、空地のようなスペースも十分にある。公園や清掃工場の周縁部は、高速道路や環状八号線に接していて、騒音も問題にはならない。そんな一角に、小規模でも良いので製材設備を設置して、実証実験をしてみましょう。リスクがある話ではまったくないし、最初は小さくはじめれば良いことです。世田谷区で家を一軒購入する程度の予算があれば、十分にはじめられる。それに加えて、これまでの都市林業の取り組みでやってきた伐採や製材のワークショップや、木を育ててその恵みをいただいて楽しむこと、木を使ってつくる施設づくりに子どもたちや地域の人が参加して、大事な建物や空間を誕生させ得ることを、重ねて想像してください。清掃工場の一角にできた小さな製材所でも、子どもたちや地域の人々を対象にさまざまな参加のプロセスをつくることが可能です。小さな規模でまずはやってみませんか。すぐにバラせる簡易的な製材設備とフォークリフト一台からでも、十分にはじめられるのです。

もしも私に任せていただけるなら、この製材所をつくるというプロジェクトにも、技術者や専門家だけでなく、たくさんの区民が参加できるようにしてみんなの力で街を変え、世界を変える小さな一歩を踏み出したいと思います。小さな製材所で、子どもたちにもできる仕事はたくさんあります。海外で流行ったムーブメントの輸入や後追いではなく、ほかならぬ自分たちの物語として街の木を取り巻く仕組みを変えて、街の暮らしで使う道具や家具や建物をつくっていく。これがどれほどリターンの大きい投資になるのか、どれほど価値のある木材がここから産み出され、どれほど多くの子どもや学生たちが学ぶ機会を得られるのか、そしてどれほど特別な木造建築を私たちの街に誕生させることができるのか。想像するだけでワクワクしてしまいます。

## 提案③　都市緑地を小中学校の演習林に

### 体験活動が無限に生まれる

　都市林業の取り組みでは、これまでにたくさんの、子どもたちにとって有意義な体験活動の機会をつくってきました。たとえば、ここ数年続けてきた世田谷区庁舎の建て替えに係る樹木の循環づくりでは、敷地内の樹木の伐採や造材、伐倒された重たい木を力を合わせて運んだり、丸太の状態にするために枝を切ったり長さを詰めたり、皮を剥いたり大鋸で挽いて製材をしたり、そうしてできた木材を使った家具の製作作業にも、たくさんの子どもたちが大人に混じって参加しました。子どもが参加できる木工のイベント、といった時にイメージされるものの範囲を大きく拡大してきたのが都市林業です。

　また、木工とは異なりますが、小さな子どもを含むたくさんの人が参加して、区庁舎敷地内の工事予定範囲から実生苗木や伐採予定木の種を採取し、苗木づくりとそれを自宅に持ち帰っての育成、区庁舎に設置する植栽ユニットづくりにも取り組みました。参加した子どもたちの様子を見ていると、体験活動が子どもたちにもたらす効果に驚くばかりです。なにしろイキイキしているし、興奮しているし、はじめて会った大人とも自然に連携し、老若男女、無理のない世代間の交流も自然にできる。

さらには、無駄走りではなく、学びのための学びではなく、子どもたちが動いて学んだこと自体が街をつくる作業を進めたことになっていて、子どもたちが「体験をさせていただく」ばかりの受益者ではなくて、自分が頑張ったことで区庁舎が良くなって、それが木でつくったものや空間として目に見える形として残り、ほかの人たちを幸せにすることにもつながっている。

区庁舎の場合だけでなく、子どもたちからはいつも最高の反応が返ってくる。製材ワークショップなどでは、大人も子どもみたいになってしまうものですが、それも含めて、ああ自分たちは本当のことができているのだととても勇気をもらえます。街に木があって良かった、の最大化を目指す都市林業にとって、子どもたちへの体験活動の機会提供は欠かせないことなのです（同時に、「戦力」として期待してもいる）。

## 体験の機会を平等に

しかしその一方で、いくらたくさんの人がプロジェクトに参加したといっても、当然ながら限られた人数であるわけです。区庁舎からの情報発信に気がつかなかった人もいれば、気づいていても地理的、日程的に難しくて参加できなかった子どもたちがいます。またすべての子どもたちに情報を届けられて参加希望が殺到しても、全員が参加できるわけではありません。

もっとたくさん、もっと平等に、子どもたちが体験の機会を得られるようにできないものでしょうか。学校との連携は一番に検討されるべきことでしょう。たとえば学校や公園の木々を、眺めるだけのものにしておくのではなく、子どもたちにとっての演習林にする。学校の授業や体験活動の場としてもっともっと活かしていく。生き物もたくさんいるし、活かせる恵みはいくらだってある。そういう体験は、遠くに行かなくても十分にできるのです。学校の木も毎年剪定をするし、伐採が発生することもある。加えて、近隣の公園などまでを範囲にすれば、伐採ワークショップや製材ワークショップができる丸太だってたくさん出てくる。子どもの頃から木や自然、工具や道具を使うことに馴染んだ人が増えれば、都市だけでなく山林の林業にだってプラスになるはずです。

そもそもさまざまなことが行われている学校が舞台になれば、可能性は大きく広がります。木やものづくりや林業などとは関係ないと思い込み、意識の外であった分野と掛け算してみるのも面白い。音楽やダンスと結びつけたらどうでしょう。丸太と取っ組み合っている横にピアノを持ってきてもいい。絵をやっても彫刻をやってもいい。子どもたちの脳は大いに刺激を受けるでしょう。先日、近所の都市農地で開催した製材ワークショップでは、民謡の会の人たちが参加者にいて、作業にぴったりの歌声が響き大いに盛り上がりました。そんな雰囲気のなかに身を置くだけでも、子どもたちにとっては得難い体験です。また防災と掛け算することも考えられる。何百キロもある丸太を、人力でどうすれば動かせるのか。その辺を少し探せば調達できそうなものを駆使して、一人でも、あるいは何人かで力を合わせて、重たい丸太を動かす体験を子どもたちが当たり前のようにしていれば、非常時に対応できる力も養われるに違いありません。

## まずは小さい規模から実証実験

学校を起点とした都市林業で子どもたちに体験機会をつくろうというこのアイデアもまた、まずは小さい規模で実証実験ができればと思います。これについては、ある公立中学校で木々を活かす取り組みを、私もすでにしています。その中学校の校庭にはサクラの木が何本もあるのですが、強剪定が繰り返された結果、無惨な状態になっていました。大きなウロにはコンクリートが詰められて、それでも腐れの入った太い幹が横に大きく伸びている。数年前に別件でこの学校を訪れて校内の木々を見て歩く機会があり、その際、このサクラの状態は好ましいものではないので、風や雪の時には気をつけるようにとお伝えしました。学校から管轄する市の方に相談したとのことでしたが、具体的な措置がとられることはなく数年が経っていました。そこに新しい校長先生が赴任されて、生徒たちになにか有意義な学びの機会をつくりたいという話のなかで、このサクラの件が動くことになったのです。

私のところには当初、翌年に控えた周年行事で配る記念品をつくるか、校舎の一角の空間づくりにサクラを活かせないかとのことで相談がありました。しかしながら、記念品をつくってただ配っても物足りないし、空間をつくるには木の量も予算もまったく足りませんでした。

そこで提案したのは、サクラをはじめとした学校にある木々を活かして、記念品を自分たちでつくってはどうかということでした。伐採からみんなで取り組んで大きな丸太を材にしていき、技術室にある工具（立派な木工工具がたくさんあった）を駆使して先生方や用務主事さんが音頭をとって、生徒たちと一緒に記念品をつくるのです。私はその企画づくりや支援を行って、このプロジェクトがうまく着地できるよう伴走していきますが、学校が一丸となって取り組まなければ成功しない、とてもチャレンジングな企画です。

通常、こんな企画は通らないものです。想像してください。自分が学校の教員か職員だったとして、普段の業務だけでも忙しいのです。さらに大変になることをする必要があるでしょうか。これは学校だけでなく自治体でも企業でもそうで、業務として通常行っている範囲を超えて、新しいことをするのはとても難しいのです。にもかかわらず、この学校の先生と職員さんたちは、自分たちが動く、やってみようと言ったのです。

そして先日、サクラが満開の全校集会ではじめて生徒たちに話をしました。そもそものきっかけであった先生たちからの相談のこと。校長先生曰く、ほかの自治体ではものすごく予算がついて事業を進めている学校があって、こんなに素敵な学びの空間をつくっている。ウチにはそんな予算があるわけではないけれど、ウチの生徒にもなにかできることがないものかと。私は話を聞いてその空間の写真も見ましたが、なんのことはない、今風のオフィスによくあるような印刷された木目シートが貼られた薄っぺらなものでした。集会で私は、全然すごいと思わなかったと生徒たちに言いました。そんなのはお金があればできること。業者が生徒の知らないところで工事をして、はいどうぞと与えられるだけのこと。すごいのは、通常業務だけでも大変なはずの先生たちが、さらに学べる機会をつくることにチャレンジしようとしていることだと。オシャレな校舎なんかよりももっと面白いことを、生徒たちに呼びかけて一緒にやろうと、校長先生も副校長先生も先生方も用務主事さんも、みんなやる気なんだと生徒たちに話しました。

## 教師と生徒は共闘者かつ共犯者

ここでもやはり都市林業は、あなたたちは何者なのかと問いかけています。打ち合わせの段階で先生や職員さんたちにそれを問い、これからは生徒たちに問うていく。そうするのは、ただ予算を預かって、私たちのような業者だけで木を伐採したり木工品をつくったり新しい木を植えたりしても、生徒たちには響かないからです。生徒たちにしてみれば、学校が何十周年だと聞いても、それが刻印された記念品をもらっても、大した感慨もなければ学びもないでしょう。

参加のプロセスをつくることを都市林業では常に心掛けてきましたが、それは地域の、地域の人たち自身の物語をつくるためなのです。参加のあり方が「お客様」としてではないことも、すでに述べた通りです。参加者を「お客様」にするワークショップやイベントは簡単です。ちょっとした木工品を持って帰れたり、楽しい体験ができたり、そういうイベントをすることは簡単です。参加者＝受益者のイベントを行い参加のプロセスをつくったと主張するのは簡単ですが、それでは肝心の物語が生まれないのです。

生徒たちを「お客様」にして、こちらで全部準備して、ストレスの少ないわずかな作業に参加させて、学べたでしょ、楽しかったでしょ、では物語なんてできはしない。これはある意味、参加者として想定している地域住民や生徒や子どもたちを舐めているのです。あなたたちは、楽しいことがあれば参加するし、そうでなければ見向きもしないでしょうと。少しでもストレスがかかる作業は無理だよねと。私もはじめはそう考えて、街の木を活用するイベントに参加したらこんな良いことがあるよ、とうたってイベントの集客をしたこともありました。しかし途中で、本気で街を良くしたいのであれば、参加者を「お客様」にしてはダメだということ、そしてまた、「お客様」にしなくても集まってくれる人が大勢いるのだということを知りました。

第四章で紹介したプロジェクトなどでも常にそうですが、参加のプロセスにおける参加者は誰かに幸せにしてもらう「お客様」ではなく、自分が動くことによって誰かを幸せにする人です。誰かが準備したところにやってきて、無料かあるいはワンコインでも払ってチヤホヤされる参加者ではないのです。私や先生方といういわばスタッフ側は、もちろん仕事として関わっている側であり、責任をとる側であり、どうあれプロジェクトを着地させなければなりませんので、厳密に言えば生徒たちとは立場が違います。でもそこに、こちら側とあちら側をつくらずに、共闘関係、共犯関係をつくるのが、都市林業における参加のプロセスです。

そして共犯者たちに必要なのは獲物です。獲物は簡単に得られるものでは物足りない。難しいほうが物語になりやすい。ばかっぽいくらい無茶な感じでちょうど良い。こんなことが本当に実現できたらすごいな、これはうまくやりおおせるか不安だなというくらいでちょうど良い。なにせ他所の成功を見て後追いをして、約束された成果をひろいにいくのではないのだから。多少うまくいかなくたって笑えるくらいのことに果敢に挑戦していけば、どうあれ共犯者たちの物語ができていくのです。

校庭の木を活かし、自分たちの手で記念品を製作する。材料は現状、大きな立木です。どこの学校にも必ずありそうな、傷みまくって倒木の危険もある大きな木。木の伐採には反対意見もあり、とりわけサクラは腫れ物化しています。サクラに限らず、雰囲気的に伐りにくい木を伐る時に記念品をつくるといった話は、私もかなり責任を感じるのですが、まったく珍しくなくなってきています。私のところにもしばしば問い合わせが来るのですが、ただこちらでつくってほしいという依頼を受けることはまずありません。市販品を買ったらワンコインかそこらの木製雑貨を、その何倍もの値段をかけて立木からつくっても、生徒たちがそれを大切にしてくれるとは思えないからです。そう思ってしまっているので、つくり甲斐がない。投資になる、ということを都市林業では大事にしていると述べてきましたが、ただ記念品をつくって渡すというスキームにはまったく投資の感性が感じられません。つまらなかろうがなんであろうが、それで仕事を受注できるなら良いではないかという意見もある。もしもそういう形で良いのであれば、仕事としては単純になるし、先生方も楽でしょう。しかしその瞬間、先生方と私（業者）の間には、発注する側とされる側、お金を払う側といただく側、という分断が生まれ、共犯関係ではなくなってしまう。先生方は業者が責任を果たすのを待っている立場でいられる。生徒たちはただ受け取るだけの者になる。学校を見守りながら何十年もかけて育った木であろうと、誰も見ていないところで誰かが汗をかいてつくった品物には、さしたる感動を感じることもなく、生徒たちの手に渡ってもそのうちに捨てられてしまうでしょう。汗をかいて「仕事」でつくった人たちは、誰に感謝されることもない。お金を得られるけれど面白みもない、AIとロボットに任せておけばいい種類の仕事にものづくりが成り下がる。このスキーム、お金の上から下への流れの底辺で起こる、働く喜びやつくる喜びの喪失は、その上の層にも遅かれ上がってくるでしょう。これまでに学校を相手に一度ならず提案をしてきて、実現したこともあればしていないこともありますが、業者に丸投げ以上のことは、○○だから難しい、できない、通常業務で忙しくてと、提案をするたびにできない理由を言われてきました。しかしここではそうではなかった。先生たちは自ら汗をかくことを厭うていないし、生徒たちと一緒に挑戦すると言っている。

私たちの街のあちこちで懸案となっている傷んだサクラをきっかけに、こんな物語もあり得るのだという事例をつくる。先生方と私たちは、まずは自分たちが取り組む姿を見せて、私たちが何者なのかを示していく。そのうちに生徒たちの体温も上がってくることを期待している。そうしてこの学校ならではの物語をつくっていく。都市林業でつくるのは木工品ではありません。木をきっかけに、この学校の物語をこそつくるのです。木でできたモノ、記念品はその物語のなかから生まれてくる。そうであればこそ、その記念品は記念品らしく大切で捨てられないものになる。先生も生徒も、あの時の自分は自分らしくあれていた、好ましい自分であれていた、その結果としてこの小さな記念品がある。それを見たら大切なことを思い出せる。そんなマジックアイテムをつくるのが、都市林業なのです。

## 物語の欠如がもたらすのは——名建築が次々と取り壊される理由

学校の話から少し飛躍してしまいますが、捨てられない記念品をつくるということと壊されない建築をつくること、その根っこのところは同じではないか、という話でこの章を締めたいと思います。

私はそもそも、世代を超えて受け継がれる建築をつくるにはどうすれば良いのかという、建築に携わる者であれば誰もが持つであろう問題意識から都市林業というアイデアを考えて、いまのところこの鉱脈を掘っています。多大な手間とコストが投入されて、たくさんの人が関わって建てられたのに、たった一〇〇年を超えられずに壊されていく近現代の建築たち。どれもが一世一代の仕事と思ってつくられてきたのだろうに、建築界で名作と言われたものでさえ、次々と取り壊されていく。理由としては、改修するよりも新築したほうが安いということがいつも言われる。耐震改修が大変だとも。ほかによく聞く理由としては、建築に関する教養が、我々日本人には足りないせいだなどとも言われるが、それは違うと私は思う。もちろん理由は個別にあるだろうし、複合的なものであって単純ではないでしょう。しかし少なくとも、名建築が壊される場面でたびたびあるように、建築界の人間が、日本人の建築に対するリスペクトやリテラシーが足りないことが原因だなどと言うべきではないと思うのです。建築界の人間であればこそ、なぜたった一〇〇年を乗り越えられなかったのか、虚心坦懐に考えてみるべきです。自分たちの側に反省すべき点がなかったか。もっと昔のものは残っているのに、なぜ自分たちがつくったものは壊されてしまうのか。次に建てる時にはどういう手があるのか、まず自分たちができることをすべきだろうと思うのです。

そうして考えてみて、私は一つ、物語の欠如ということがあると思い、都市林業でもそれを反映させています。近代建築の名作と言われる作品にも、もちろん物語はあったのだと思います。建築家個人の物語があることはもちろん、建築に関心の高い界隈で共有された物語はあったのだと思う。たとえば、コルビュジェのところで学んでどうこうといった物語があって、我が国にもたくさんのコルビュジェスタイルの建築が誕生していった。しかしそれは、その建築が建てられる土地や、その建築を使うその土地の人々の物語とは、なんの関わりもない物語ではなかったか。新しい建物が、脈絡なくポコンと挿入されるという感じ。その土地の歴史や文化、伝統を一枚の織物にたとえると、その布の一部を解いて織り直しながら、新しい糸ももちろん加えはするけれど、元の地の織物との連続性がある形で新しい模様（建物）が加わっていくのが昔の建物の建ち方だとすると、織物の一部をハサミで切って穴を開けたところに、違う織物から切り取ってきた布をパッチワークする感じ。それはそれで目を引くし魅力もありますが、その土地の広く一般の人々が、特別の思い入れを持てるかというとなかなか難しい。だから、どんなに立派なものでも、コスパが悪くなった途端に、壊されてしまうのではないでしょうか。そして壊された後には、また別の布がパッチワークされることになる。私たちは、そういうパッチワークがひたすら繰り返された街で暮らしている。建築家個人の物語ではなくて、輸入物のコンセプト（物語）ではなくて、その土地の人々の物語であったなら、多額の費用をかけてつくられて、たくさんの人々が使ってきた建物が、こんなに簡単に壊されることはなかったのではないか。

私たちの街では、つくっては壊されが繰り返されている。街並みが継続することがない。お金をかけてでも残したいと思えるような、自分のアイデンティティと結びついたものがない。これは裏を返せば、私たちが私たち自身の物語を喪失し、輸入物や上から降ってくる物語をありがたがって、その表面をなぞってはいっとき飯の種にしているばかりで、かなりの部分、本当のことができていない証左とは言えないいか。

たかが記念品の話から大袈裟なようですが、根っこは同じだと思うのです。生徒たちにただ記念品を配っても仕方がない。すぐに捨てられそうなものを、わずかなお金と引き換えにつくるために、職人は修行をしてきたわけじゃない。つくる人も使う人も、差し上げる人もいただく人も、売る人も買う人も、共有できる物語のなかからモノが生まれるようにしていきたい。都市林業に限った話ではないのですが、私たちは本来的には誰しもが本当のことをしたいと思っている。そしてそれができてさえいれば、私たちは仕事にやりがいを感じられるし、街にはそんな私たちにふさわしい要素が増えていくでしょう。記念品だってなんだって、私たちならではのモノとして長く大切にされるものをつくれるに違いない。そういうものづくりであれば、それに仕事として関わる側だってやりがいがあるし夢が持てる。ＡＩやロボットが台頭しても、あえて手づくりする甲斐もある。

どこか海外で流行った取り組みを輸入するのではなくて、自分たちの目の前にある、肌で感じられる身近な課題を自分たちで発見し、周りはどうあれ本当のことを積み重ねる。それが地域の物語を取り戻すことであり、グローバル化する世界のなかで地域性を取り戻すことなのだ。遠くの課題ではなく身近な課題に、ほかならぬ自分の体で、自分の五感で、精一杯取り組んでみる。誰かが喜んでくれるよう工夫して、自分が動いて、仲間と一緒に取り組んで、誰かが喜ぶ姿を見る。喜ぶのは遠くにいる人ではなくて、自分の目の前にいる人たちです。そんな身体性を取り戻す原体験を、学校や公園の木々を生徒たちの演習林とすることで、きっとつくれると思うのです。

中学校での取り組みの様子。
写真の木はクスノキ。

# 街の緑の変化といまだからこそできること

## ウメ、カキ、ビワが消えていく

都市林業の取り組みをはじめた頃には、かなりの頻度で、ウメやカキ、ビワといった果樹のある家の解体現場から、丸太を回収する機会がありました。伐採や木を活かす仕事の現場でも、そうした木があることが多かった。ここ一〇年、東京都世田谷区の住宅地にある一軒家を、事務所として使っているのですが、ここに来て以来、周囲数百メートルくらいのなかで、たくさんの住宅やアパートの建て替え工事があり、そこからたくさんの丸太を回収しました。仕事をしているとチェンソーの音が聞こえてくるので、外に出て音のするほうに行ってみます。そうすると案の定、木が伐られている、ということがよくあったのです。そのなかにはかなりの頻度でウメやカキの木、あるいはビワ、ナツミカンやユズなどの果樹がありました。近所なので、その後、それらの敷地がどうなったかも見ているわけですが、再び同じ木が植えられたところはありません。果樹以外にも、マツ、イヌマキ、サンゴジュなども昭和の時代に建てられた家では定番でしたが、これらも新たに植えられるのを見ることが少なくなりました。代わりに、シマトネリコやオタフクナンテン、果樹ではジューンベリーやフェイジョア、ヤマボウシなどを見かけることが増えました。

都市林業では、数十年前に植えて育てられてきた木を木材として利用します。ですので、これまでに私がつくったお店や施設には、たくさんの果樹でつくられた椅子があります。マツやイヌマキ、サンゴジュも使われています。昭和の時代に植えて育ててくれた人たちのおかげです。これからはそうした樹種が減り、数十年後には、ジューンベリーやシマトネリコを使うようになるのでしょうか。

**写真上**：カキの新芽の天ぷらは特別に旨い！のでこれだけでも価値がある。木材も有用で、私は家具や建築の内装、器などに使用している。／**写真中**：ウメのカトラリーセット。ウメは割れが多く出るので大きな材を得るのは難しいが、緻密で滑らかに仕上がり、とても美しい。／**写真下**：ビワの椅子。クッションの布地はビワの葉染め。ビワの木材は特別に強靭で、木剣の素材として最高級。葉っぱはお茶にすると美味しい。つぼみや花を摘んで乾燥させるととても良い香り。

## 大木いっぱいの団地植栽から、株立いっぱいのマンション植栽へ

数十年後には、ジューンベリーやシマトネリコで家具をつくれるか？　おそらく、普通のつくり方では難しいと思います。というのは、このところ植えられる街の木の仕立て方が、かなりの確率で「株立」になっているからです。株立というのは、一本の太い幹が立ち上がり、その上で枝葉を広げる樹形ではなく、地際から複数の枝が立ち上がるようにした仕立てです。こうすることで、軽やかで涼しげな印象の、小ぶりなかにも自然の趣《おもむき》が感じられる雰囲気になる。狭いスペースにも向いていて、大きくなる種類の木でもそれほど大きくさせずに管理しやすい。私がいま関わっている大きなマンションの建設プロジェクトでも、たくさんの木々が新たに植えられて、そのなかにはジューンベリーやシマトネリコだけでなく、大木になる種類の木、たとえばシラカシやアラカシも一〇〇本以上植えられる予定です。しかしそのうちのほとんどは、株立の仕立てということで計画されています。昭和の時代に建てられたマンションや団地、あるいはビルや工場、研究所などの敷地にも、今日、たくさんの大きな太い幹を持つ木があって、都市林業ではそうした木々をたくさん木材として活用することができました。しかし株立の木々では、一〇〇年待っても、それらに匹敵する材は得られないでしょう。株立の流行は、都市林業にとっては嬉しくないことと言えるかもしれません。これまでの都市林業でしてきたことの形にこだわって、株立を減らしてもっと木を大きく育てよう、と主張することも

あって良いとは思います。ですが、自分の立場に曇らされていない目で見なければなりません。なんであれ、積み重ねられ、いまそのようになっているものに手をつけ、変えようとすることには慎重であるべきです。

良くできたマンションなどの植栽は、とても美しいものです。それをつくるのに関わった人々の優れた仕事は、率直に称えられるべきと思います。さまざまな種類の樹木や草花を楽しめるように工夫されていて、しかも現実的な管理費のなかで維持できるように考えられている。極端に大きく育つこともないので（昭和の団地の木々のなかには、数十年で巨木に成長したものがたくさんある）、仮に伐採するとなっても反対運動が起きる心配がほとんどない。きっとたくさんの人が試行錯誤を繰り返して、今日、マンションの植栽などに典型的に見られるような、都会の緑の「ある種の

株立に仕立てられたヤマザクラ。

スタイル」ができていったのだろうと思います。

　私はそうした緑地に関わるのであれば、そうした緑を大いに楽しみ、その上で自分もまた、この緑地と緑地に関わる人々のためにできることを考えたいと思います。都市林業にとって大事なのは、「街に木があって良かった」ということを増やすことです。木材にするのはその一つの手段にすぎません。だから「街の木を食に活かす収穫祭」（112ページ参照）や剪定枝などでの染色（144ページ参照）といったことにも、木材活用と並行して取り組んできたのです。そしていま、このコラムを書いていて思いついたことですが、「株立の木からつくる」をコンセプトに、なにができるか試作をしてみたくなりました。

## 団地の庭は遺伝子プール

　昭和の集合住宅、とりわけ団地の植栽にも代え難い魅力があります。もちろん場所によって違うわけですが、大抵は大きな木があり、住人が好き勝手なものを植えていたり、いろいろと手をかけていることが多いのも面白いところです。私は都市林業をはじめる直前の時期、新宿区のマンションに住んでいたのですが、その近くの大きな団地の植栽にはとりわけ魅了されました。毎日のようにカメラを持って通い詰め、何万枚もの植物や生物の写真を撮りました。

一つの見どころは生物多様性。歩いていて、ここは遺伝子プールだな！と思ったものでした。街で見かけるありふれた草木が一通りある上に、花はもちろん、元々は鉢植えであったであろう観葉植物が地植えされたもの、多肉植物、繁茂したアロエやサボテン、ラン、野菜もいろいろ、果ては巨大なバナナまでありました。いつ行ってもなにかしら花が咲いたり実がなったりと面白いことがあり、昆虫などの生き物にもたくさん出合える。ナナフシやタマムシが新宿にもいるのかと感動したものでした。

全体の植栽管理を担っている管理会社がある上で、あちらこちらで住人による自主管理、というよりもゲリラ的に勝手なことをやっていた。そこに明文化されたルールがあったり、全住民に公平な権利が実現されているわけでもないのでしょうが、どうあれ一つの秩序ができあがっているという、そんな面白さもありました。

公園など、都市のオープンスペースの緑は「さわれない」ものであるという、普通の形とは違ったあり方にチャレンジする取り組みは、都市林業以前にも意外と古くからあって、たとえば大田区のくさっぱら公園（一九九二年開園）、世田谷区のねこじゃらし公園（一九九四年開園）といった、住民による公園づくりの先駆的な事例が見られます。団地のオープンスペースは公園とは異なりますが、ゲリラ的、無秩序、不公平、と切って捨てずに率直に見れば、住民による街のオープンスペースづくりの事例としてとらえることができるかもしれません。それは先に挙げた公園の事例よりもはるかに古い事例なのかもしれない。もしかすると、はじめから無秩序で不公平だったわけではなかったのかもしれません。団地ができて、一斉に入居してきて、住民たちがはじめて地面をいじる時には、ゲリラ的ではなく、住民同士のコミュニケーションがきっとあったことでしょう。ある団地で、新築当時から暮らしている住人たちから、「入居当時はなにも植えられていなかったので、自分たちで苗木を買ってきてみんなで植えた」という話を実際に聞いたこともありました。いま私も一つ、団地が関係する現場に関わっているのですが、そこでは建て替え後のマンションに、団地時代からそこで暮らしてきた人もたくさん入居します。そうした方々と話ができる機会もあるので、団地時代のこと、とりわけ木が植えられた頃の話を聴いてみようと思います。

さて、こうした団地には、手の届く範囲に多種多様な植物や小低木がある一方で、大木も数えるのが大変なくらいある。大木のなかで代表的なのは、なんといってもヒマラヤスギ。巨木になっていることも少なくない。ほかにもイチョウやケヤキなどもよく見かけます。いま私が関わっている取り壊しになった団地では、それらのほかに、大木としてはメタセコイア、アキニレ、エノキ、ソメイヨシノ、ユリノキ、トウカエデ、タブノキ、それらよりも少し小さいですがなかなかの大きさの木として、ユズリハ、カイヅカイブキ、ヤマモモ、クロガネモチ、シラカシ、マテバシイ、サンゴジュ、ハゼノキ、ネムノキ、アオギリ、コナラ、アカマツ、イロハモミジ、イヌシデ、庭木らしいサイズのもう少し小さい木として、カキ、ビワ、ナツメ、サルスベリ、モッコク、カクレミノ、ハクウンボク、サンシュユ、ヒメリンゴ、ネズミモチ、ホルトノキ、ゲッケイジュ、モクレン、キンモクセイ、アメリカデイゴなどがありました。それらの多くを木材にして後継施設で活かすことができるよう、私も現場に入って伐採作業を行うとともに、既存木から採取した種や、実生で勝手に生えてきていた幼木を掘り採って、育てることに取り組んでいます。

## 八〇年に一度の投資のチャンス、伐採した巨木を散逸させるのは勿体無い

今後、次々と消えていくであろう団地の植栽。そこで育った木々を、自分の力の及ぶ範囲だけでは、ほんのわずかしか木材にできないということに、もどかしさと勿体無さを感じています。とりわけヒマラヤスギの巨木が惜しい。ヒマラヤスギは、我が国では長らく木材として意識されてきませんでしたが、とても良い木材になります。大きな柱や梁などの建築構造材をつくれることがなにより素晴らしく、木材用として有望な街の木の筆頭です。私はいま、「総街の木造り」の建築をつくることに挑戦中ですが、そこで最も多く柱として活躍してくれているのがヒマラヤスギです（外壁材や下地材としても活用）。せっかく巨木に育ってそこからたくさんの貴重な構造材がとれるのに、伐採されて散逸してしまうのはとても勿体無いことだと思います。先に、街の木は無理に木材にしなくても、紙な

どの材料になるのだからそれで良いと書きましたが、ヒマラヤスギのような巨木は、ちょっとしたことでその価値を大化けさせることができると思うのです。二束三文のものを黄金に変えるくらいの、投資のチャンスかもしれません。

たとえば、これから三年や五年の間にも、東京都あるいは首都圏だけでもたくさんのヒマラヤスギの巨木が伐採されることと思います。それらはそれぞれにチップになり、あるいはいくらかは木材にされるものがあるかもしれません。ですがそれを、個別の案件や個々の業者の枠を超えて、全体のほんの五％でも一〇％でも集めて確保しておくことができたならどうでしょう。東京都でもいいし、木材の業界団体などが音頭をとってもいい。伐採したら、できるだけ大きいまま、あるところに持ってきてくれるよう呼びかけるのです。あるところとは、新木場の貯木場《ちょぼくじょう》です。昔は丸太でいっぱいだったのに、いまではほぼ使われていない貯木場に、集めて沈めておくのです。地上で丸太を保管する場合には、虫が入ったり割れが入ったり、材の価値が落ちていくことを避けるのが難しいものですが、水中で保管できる貯木場なら、一定の量の丸太が貯まるまで、材の価値を落とさずに保管することが可能です。またその期間にも、丸太の乾燥は進み、木材として良い状態になっていくので時間も無駄になりません（水中でも木の乾燥は進みます。水中での保管は、地上だけで乾かすよりも割れが少なくなる優れた方法です）。そうして大きな建物をつくれるくらいの木材が貯まったならどうでしょう。少し前に新しい国立競技場をつくるのにたくさんの木が使われましたが、そういうプロジェクトにだって使えると思うのです。江戸城本丸の再建にチャレンジするのも良いですし、駅でも学校でも木造の高層ビルでもいい。私たちの街ならではの木造建築をつくりましょう。集める木々は、古い団地やマンションや、大学や研究所や、会社や工場や、学校や公園にある巨大なヒマラヤスギ、あるいはケヤキなどのほかの木も、もし伐られることがあったなら集めておけばいい。庭で育ったこの木も活かしてほしいという人がいれば、そういうものも使えばいい。種々雑多なあらゆる木を活かしてどんな空間をつくれるか、都市林業では示してきました。あちこちから、人の営みと共にあった大木が集結してくる。木を伐ったり造材したり運んだり、プロジェクトを進める過程でいくらでも参加のプロセスをつくれることも、そこで人々がどれほど強く結びつき、また子どもたちにとっても得難い体験や学びになるのかも証明してきた。各地で大人も子どもも誰もが力一杯に取り組む物語ができるでしょう。そういう木々が集まって、一つの大きな建物をつくることができるのです。せっかく育てた巨木を散逸させてしまっては勿体無い。これは絶対に投資になる。このプロジェクトを通じて、木を扱うことは、建築は、木造は、大工も木工も、改めて夢のある仕事になるでしょう。これまでのプロジェクトで、都市林業の取り組みに参加した子どもたちのなかには、こういう仕事をしたいと言ってくれる子が何人もいた。私たちの街の木で、世界のどこにもない、私たちの街ならではの物語と建築物をつくることができるのです。いま私たちは、海外で流行ったことの後追いではない、圧倒的に面白いチャレンジをするチャンスを手にしているのです。

**写真上：**ヒマラヤスギの大木。写真のものよりもはるかに大きいヒマラヤスギが都内にはたくさんある。／**写真下：**ヒマラヤスギの製材。

# あとがき

五年くらい前のものですが、京都の東本願寺を訪れた際に撮った写真をお見せしたいと思います（次ページ参照）。東本願寺の現在の建物は明治時代の再建で、重要文化財。まだ新しいということなのでしょう、国宝や世界遺産には指定されていませんが、言わずと知れた圧倒的な建物です。お見せしたいのは、この建物が再建された時のことを紹介する展示物。日本各地の山々から、村から、街から、人々が総出で力を合わせて、選りすぐりの巨大なケヤキを伐り出した。伐って、運んで、集めて、加工して加工して、そうしてできたのがいまの建物です。ケヤキを運び出す際に使われたという毛綱も展示されていましたが、女性の髪と麻を撚り合わせてつくられたもので、最も大きいものでは太さ四〇センチ、長さ一〇〇メートル以上もありました。これをつくるだけでもどれだけの人々の献身があったでしょう。こんなものが何十本も、日本中のあちこちでつくられて、しかもこれは消耗品にすぎず、ほかにもさまざまな道具がつくられて駆使されて、一本一本の木材が集められたのです。いったいどれだけの物語が各地で生まれたことでしょう。そんな木材が星の数ほども集められ、無数のノコギリが、ノミが、カンナが躍動し、ついに完成をみた時、いったいどれだけの人が涙を流し、昇天するほど震えたことかと思うのです。

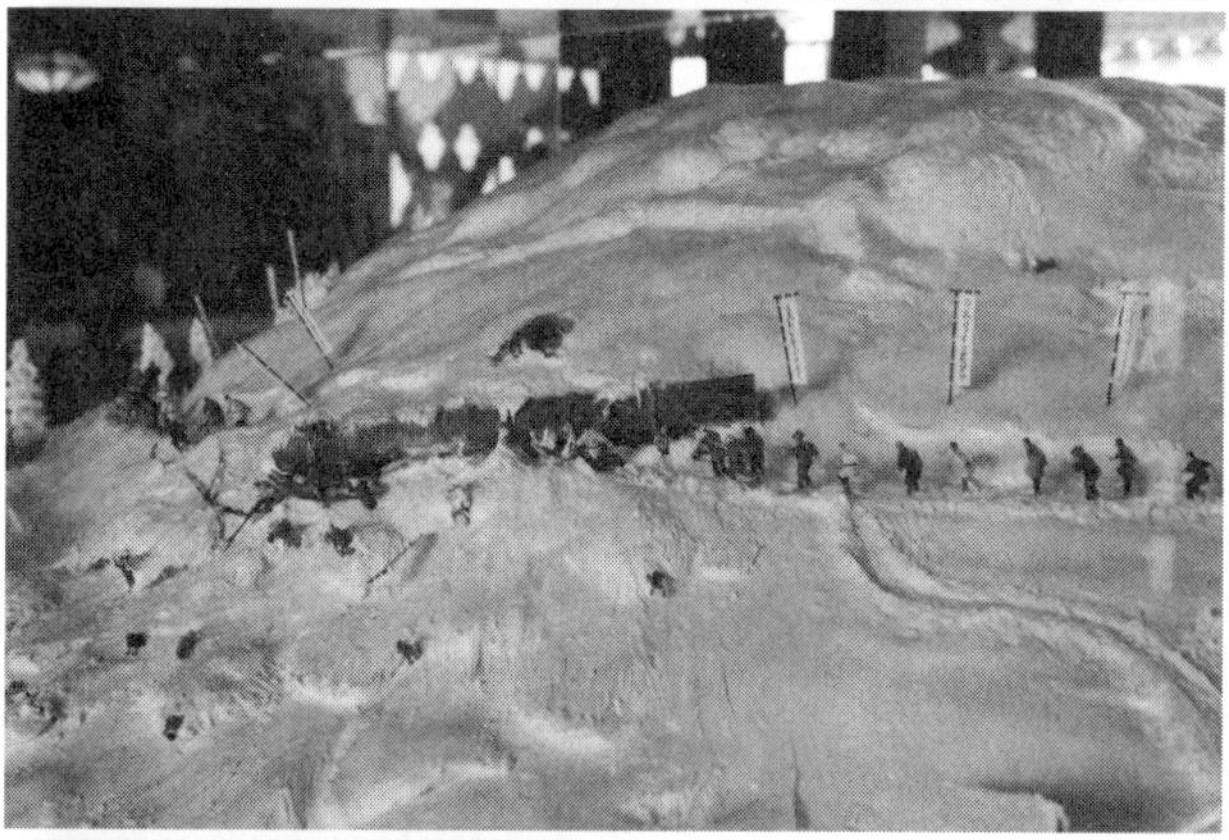

**写真上：**東本願寺、御影堂。／**写真中：**丸太を運び出す途中に起こった、雪崩事故の様子が再現された模型。／**写真下：**丸太を運ぶためのソリ。先端には村の名前などが彫り込まれている。

この建物には、国宝あるいは世界遺産たり得るすべてのものが詰まっています。まず素材選びの説得力。これほどの情熱をかける甲斐のある木材としてのケヤキ。ケヤキは数百年の耐久性を確実に期待できる木材です。そして素材を扱う洗練を極めた技術とデザイン。建物のどこを見ても、そのようになるしかなかったと思える適切さ。世代を超えた集合知のなせる技。そしてなにより、人々の物語の結節点として誕生したこと。この建物は規模も用途も特別ではありますが、建築とは本来、そういうものであったのだと思います。素材選びから形から、すべてに説得力があり、人々の物語がそこにある。その土地の歴史・文化・伝統とつながり、その建物をつくり、使う人たちが何者であるのかが良くわかる。

都市林業の取り組みで目指してきたのは、そういう世界です。時代が変わり、建物や街並みがつくられる構造が変化して、いつしか失われていた大切なことを、いまという時代に合った形で取り戻せないかと、取り組んできたのです。都市林業というアイデアが湧いた時、それができるのではないかと期待した。明日の世界遺産になるような街を、いま、私たちの手でつくることができるのではないかと夢を見た。その夢を、多くの人と共有したい一心で、小なりとはいえ事例をつくって、実現の可能性があることを示さんと取り組んできたのです。

家の庭で育てる木々も、街路樹も学校の木も、会社の木も公園の木も、街で暮らす人々がそれぞれに育てているもの。そういう木々をたくさんの人の力で木材にして、集めて加工して、そうして街の建物や空間ができていく。集合的創造としての街づくり。これまで知らぬ間に「負債」的性格を強めてしまっていた街の木ですが、街の木は、夢のあるイノベーションや投資の対象になり得ます。投資をして得られるリターンは、明日の世界遺産になる街です。

私たちの街には、いま、戦後に植えられてひたすら大きくなってきたたくさんの木があります。山の木は、伐らないと山が荒れると言われているのに、都市の木はなぜ伐って使わないのでしょう。グズグズに腐らせてしまってから伐って、持ち主の負担となっているのはおかしなことです。街で無理なく大木、巨木を育てられる仕組みをつくりましょう。グダグダな樹形、グズグズの中身になっていて、時折倒れたりもする街路樹を更新しましょう。今度は強剪定をせず、木材として良いものになるように育てましょう。数十年に一度、立派な木材を産出できて、ひと財産になる管理に変えましょう。木を植えることにも育てることにも、木材にして活かすことにも、子どもから大人まで、世代を超えて取り組んでいきましょう。自分の家の庭から、公園の一角から、学校から、会社から、自分たちの力でできることから取り組んでいきましょう。私たちの街から、新しい街の木のあり方を発信していきましょう。

私もいまさらながらにワクワクしてきて、早く木に触りたくなってきました。手をつけてからはや三年になりますが、試行錯誤しながら進めてきた「総街の木造りの建築」づくりも、これからもう一段テコ入れをして、ひとまずの完成に向かいたいと思います。木材としての活用が一般的ではなかったさまざまな樹種を、建築という大きなスケールで活かそうというこの挑戦では、たとえば、これまで柔らかすぎて使いどころがなかった樹種の木材の、とても有意義な活用方法を見出すことができました。こんな発見はきっとまだまだあるはずです。ドアや建具の把手には、株立の木から得られた材を活かしてみよう。駐車スペースの横には、工事現場から救出してきた苗木で小さな森をつくりたい。木材置き場の周りでは、染料になる植物や果樹なども育てたい。みんなで木を活かすイベントもやりたいし、ドングリやカヤの実を拾いに行って、収穫祭もまたやりたい。この本を書かせていただくなかで、これまでの取り組みを振り返ることができ、忘れかけていた新鮮な感覚を思い出すことができました。居ても立っても居られない気分です。

ここまで読んでくださって、本当にありがとうございます。ぜひ皆様とも、どこかの木をきっかけに、一緒に取り組む機会が持てればと思います。

本書の刊行にあたり、都市林業の取り組みを支えてくださった方々に改めて感謝申し上げます。プロジェクトでお世話になったクライアントや関係者の皆様、とりわけ本書でも紹介させていただいた花見堂の皆様、町田市の皆様、進和学園と研進の皆様、世田谷区の皆様、ちょうふ子育てネットワークの皆様、私と共に一般社団法人街の木ものづくりネットワーク（マチモノ）を立ち上げて理事を務め、類稀なホスピタリティーとイラストで活動を支えてくれている横山恵氏、同理事で取り組みが無茶であればあるほど力を発揮してくれる横山貴氏、いつも子どもたちを喜ばせてくれる樋口明嗣氏はじめマチモノの仲間たち、マチモノメンターの皆様、世田谷トラストまちづくりの皆様、師と仰ぐ木工家で都市林業のものづくりを支えてくださっている永田康夫先生、昔ながらの山仕事を教えてくださって、何くれと無く面倒を見てくださる空師の萩原軍一先生、大工の水野力氏と笠倉建設の皆様、プロジェクトを通じてまちづくりとはなにかを見せてくださった、場所づくり研究所プレイスの福永順彦氏、宮地成子氏、石塚計画デザイン事務所の千葉晋也氏、変な木片ひとつでご飯三杯一緒に楽しめる樹木医の岩谷美苗氏、動画や草木染めなど都市林業の取り組みの幅をどんどん拡げてくれる曽根かな子氏、裏方でずっと支えてくださっている公認会計士・税理士の松谷大先生、土や自然と日々触れ合える環境で育ててくれた両親、大変な時にいつも助けてくれる弟、いつも美味いものを食べさせてくれる妹夫婦、伐採現場で実生苗木を救出するアイデアに結びついた原風景の中にいる植物好きの祖父、そしてこのような機会をくださった築地書館の土井二郎氏、編集でご尽力いただいた大勝きみこ氏。心より感謝申し上げます。

〔参考文献〕

堀大才・岩谷美苗 著『図解 樹木の診断と手当て 木を診る 木を読む 木と語る』農山漁村文化協会（2002年）
堀大才 著『絵でわかる樹木の育て方』講談社（2015年）
堀大才 編著／井出雄二・直木哲・堀江博道・三戸久美子 著『樹木学辞典』講談社（2018年）
東京農業大学短期大学部環境緑地学科・樹木生態研究会 編『樹木の形の不思議』東京農業大学出版会（2014年）
長沢武 著『野外植物民俗事苑』ほおずき書籍（2012年）
豪雪地帯林業技術開発協議会 編『広葉樹の森づくり』日本林業調査会（2014年）
大田猛彦 著『森林飽和 国土の変貌を考える』NHK出版（2012年）
村武精一・佐々木宏幹 編『文化人類学』有斐閣（1991年）
小野佐和子 著『こんな公園がほしい〜住民がつくる公共空間〜』築地書館（1997年）
ジョン・ピーター 著／小川次郎・繁昌朗・小山光 訳『近代建築の証言』TOTO出版（2001年）
W.J.R.カーティス 著／五島朋子・澤村明・末廣香織 訳『近代建築の系譜——1900年以後』鹿島出版会（1990年）
ル・コルビュジェ 著／吉阪隆正 訳『建築をめざして』鹿島出版会（1967年）
ノーバート・ショウナワー 著／三村浩史 監訳『世界のすまい6000年 1.先都市時代の住居』彰国社（1985年）
ノーバート・ショウナワー 著／三村浩史 監訳『世界のすまい6000年 2.東洋の都市住居』彰国社（1985年）
ノーバート・ショウナワー 著／三村浩史 監訳『世界のすまい6000年 3.西洋の都市住居』彰国社（1985年）
ヤン・ゲール 著／北原理雄 訳『屋外空間の生活とデザイン』鹿島出版会（1990年）

## 公式 Youtube「湧口善之 都市林業 ch」@Yoshiyuki-Y

〔参考動画リスト〕

木のスプーンづくり
https://youtu.be/nBWMGSoPdKk

自分で製材、丸太を小型チェンソーで無駄なく木材にする方法
https://youtu.be/VmSBRZ1KklA

自分で製材、製材所がなくても車載の道具と機械で製材できる
https://youtu.be/rrWhhkzWFtQ

木材選びの正解はひとつとは限らない。玄人はなにを考えて木材を選ぶのか?
https://youtu.be/dS-5JMkW40s

〔事例紹介〕

さくら花見堂
https://youtu.be/gyD4BY-xWbI

南町田グランベリーパーク
https://youtu.be/TsgjBZA0MVk

湘南リトルツリー & ともしびショップ
https://youtu.be/iMTjIIY82Uo

世田谷区本庁舎に係る樹木の取組み
https://youtu.be/OHTPHtToXKs

街の木を食に活かす、都市森林の収穫祭
https://youtu.be/Z3JMBxFdJ8g

〔著者紹介〕

## 湧口善之（ゆぐち・よしゆき）

都市森林株式会社 代表取締役／一般社団法人街の木ものづくりネットワーク 代表理事
東京都生まれ。大学では西洋美術史専攻。卒業後、建築設計事務所勤務。実務と並行して世界各地を訪れ、建築および都市についての研究活動。独立後は木造建築を中心にヒノキやスギなどの国産木材活用に取り組む。その後、木工産業が盛んな岐阜県高山市に移住して木工修行。東京に戻り、街の木に着目し都市林業を構想。街の工事現場から100を超える樹種を集めて自ら製材や加工を行うことにより、通常木材として活用されていなかった多種多様な樹種についてのノウハウを蓄積。街で育ったさまざまな木々が木材となって集合する、都市の緑の縮図のような空間づくりに取り組む一方、そうした空間を生み出す過程に地域住民や関係者が参加できる仕掛けづくりや、住民参加での苗木の育成や植樹など、街の木々の新たな循環づくりに取り組んでいる。

# 都市林業で街づくり

**公園・街路樹・学校林を活かす、循環させる**

2025年3月24日　初版発行



著者　　　湧口善之



発行者　　土井二郎

発行所　　築地書館株式会社
〒104-0045
東京都中央区築地7-4-4-201
TEL.03-3542-3731　FAX.03-3541-5799
https://www.tsukiji-shokan.co.jp/

印刷・製本　シナノ印刷株式会社

装丁・装画　秋山香代子




ISBN978-4-8067-1679-2